高等学校“十三五”规划教材

案例驱动的C语言程序设计

郭韶升 张 炜 主编

化学工业出版社

·北京·

本书以“班主任管家软件”项目为实际案例串联起C语言程序设计的所有重点内容，包括：用流程图描述业务流程，项目驱动案例设置，关键字、标识符及数的进制转换与表示，数据类型，运算符、表达式及语句，选择结构，循环结构，数组，函数，自定义类型，指针，文件。章后附有习题，帮助读者对重要知识点进行强化训练。

本书可作为普通高等学校理工科各专业C语言程序设计课程的教材，也可供同类从业人员参考。

图书在版编目（CIP）数据

案例驱动的C语言程序设计 / 郭韶升，张炜主编.
—北京：化学工业出版社，2019.12（2024.9 重印）
高等学校“十三五”规划教材
ISBN 978-7-122-36068-7

Ⅰ. ①案… Ⅱ. ①郭… ②张… Ⅲ. ①C语言-程序设计-高等学校-教材 Ⅳ. ①TP312.8

中国版本图书馆CIP数据核字（2019）第285428号

责任编辑：郝英华　　文字编辑：吴开亮
责任校对：李雨晴　　装帧设计：张　辉

出版发行：化学工业出版社（北京市东城区青年湖南街13号　邮政编码100011）
印　　装：北京盛通数码印刷有限公司
787mm×1092mm　1/16　印张15¼　字数378千字　2024年9月北京第1版第2次印刷

购书咨询：010-64518888　　售后服务：010-64518899
网　　址：http://www.cip.com.cn
凡购买本书，如有缺损质量问题，本社销售中心负责调换。

定　　价：46.00元

前言

中国高等教育改革吹响了应用型人才培养的号角，使得实践教学在人才培养中的地位日益凸显。实践教学是培养学生实践能力和创新能力的重要环节，也是提高学生社会职业素养和就业竞争力的重要途径。随着实践教学越来越受重视，C语言程序设计教材由第一代的经典举例，第二代的小案例渗透章节内容逐渐过渡到第三代的大项目案例贯穿整个C语言教学内容。

本书最大的特点是从生活情景引入，将生活情景贯通到C语言知识讲授之中，引导学生在C语言学习过程中主动解决生活中的问题，并付诸项目案例，在项目开发实践中将学生解决问题的能力固化为素养，形成知识传授、能力提升、素养固化的人才培养新途径。树立以学生为中心、以解决问题为导向并不断持续改进的工程教育思想，不断提高学生的课程学习目标达成，全面培养学生的工程实践能力。

青岛科技大学IT学科C语言程序设计课程组秉承工程化的教育理念，贯彻工程化的人才培养思想，结合学生管理实际，以“班主任管家软件”项目为实际案例串联起C语言程序设计的所有重点内容，编写了《案例驱动的C语言程序设计》和《C语言程序设计实验与实训》两本教材，两本教材是姊妹篇，相互配套使用。

本书由12章组成，从用流程图描述业务流程开始，到文件的存储结束，突出流程图在程序设计中的重要作用，旨在培养学生用流程图描述问题的逻辑处理能力。本书引入两个项目案例“学生班级成绩管理系统”和“班主任管家软件”。其中“学生班级成绩管理系统”有开发指引，可以作为边学习边实践的项目；“班主任管家软件”只提供了描述和需求，可以作为课程学习结束之后的项目实训。“班主任管家软件”既贴近生活，又涵盖了C语言的全部重点内容，使理论内容在实践中得到应用。通过使用本书，读者不但可以掌握理论如何应用于实践，而且通过实际案例项目的开发积累，能够开发大程序，从而达到工程化训练的目的。

本书以“重实践、强应用”为导向，注重训练学生的计算思维能力和逻辑处理能力。本书将生活实际情景与项目案例融合到C语言学习中，既提升学生兴趣又提供实践机会，贯彻了“在生活中学习，在学习中实践”的编书初衷。本书内容通俗易懂，由浅入深，突出重点，重在应用。

本书由郭韶升、张炜担任主编，曹玲、刘云担任副主编，秦玉华、王海红、孙丽珺参与编写。该书在出版前已经青岛科技大学软件工程、计算机科学与技术、信息工程、通信工程、集成电路开发与集成设计、物联网工程专业试用，在编写和出版过程中得到化学工业出版社和青岛科技大学教务处、信息科学技术学院的大力支持与帮助，在试用过程中刘国柱、童刚、孙丽珺、秦玉华、唐松生、王海红、包淑萍、范玮、马先珍、王继强、李卫强等老师提出了宝贵的修改建议，在此表示诚挚的感谢。

本书中用到的源代码可提供需要的院校使用，请发邮件至 cipedu@163.com 索取。由于编者水平有限，本书不足之处在所难免，恳请广大读者和专家批评指正。

编　者

2020 年 2 月

目录

第 3 章

关键字、标识符及数的进制转换 15

第 4 章

数据类型 25

第 5 章

运算符、表达式及语句 36

第 6 章

第 7 章

第 8 章

第 10 章

自定义类型 145

第 11 章

指针 159

第 12 章

附录

第1章 用流程图描述业务流程

人们在做任何一件事情之前，会思考这件事情应该怎样去完成，例如采用什么样的方法比较好、分哪些步骤、每一步应该干什么，然后归纳出行之有效的方法和步骤，以文字的形式整理成一套完整的方案记录在某种介质上。如果要完成的事情较复杂，还可以借助图形和文字相结合的表达方式，然后按照预定的步骤和方法进行具体实施。借助于特定图形说明描述事情解决步骤和方法的有效工具称为流程图。流程图的优点包括：

① 采用简单规范的图形符号；

② 结构清晰，逻辑性强；

③ 便于描述，容易理解。

本章将通过具体的例子介绍流程图的基本图形符号和用法。

本章学习目标与要求：

① 理解流程图基本图形符号的含义及其用法；

② 能够使用流程图描述解决问题的过程或步骤。

1.1 用流程图描述高考志愿填报业务流程

1.1.1 高考志愿填报流程分析

手捧高校录取通知书迈入大学校门的学子，刚刚经历过高考志愿填报。高考志愿填报过程共分八个步骤。

第一步：阅读招生计划。

考生认真阅读招生计划，尤其是有特殊规定的高校和专业的招生计划。

第二步：拟定志愿草表。

考生上网填报志愿前，应该先将选报的志愿填写到志愿草表上，再按志愿草表上的内容上网填报，从而减少在网上反复修改的次数，减少出错的可能。

第三步：打开高考志愿填报系统。

按照指定网页打开高考志愿填报系统。

第四步：输入用户名和密码登录系统。

如果是首次登录，用户名是考生准考证上的 14 位报名号数字，初始密码是考生本人的身份证号。输入用户名和密码后，再点击“登录”按钮即可进入网上志愿填报系统。首次进入网上志愿填报系统时，计算机屏幕上会出现修改密码、填写联系地址和电话及阅读“网上填报志愿考生须知”的界面。考生必须按要求修改初始密码并填写联系地址、电话等信息。考生应仔细阅读“网上填报志愿考生须知”，了解操作流程和相关要求以后再执行“修改”操作。考生只有正确完成本界面操作后方可进入系统进行其他操作。

如果非首次登录，直接输入用户名和修改后的密码登录。

第五步：选择批次填报志愿。

先在网页上点击“填报志愿”按钮，选择要填报的批次进入填报页面，例如，要填报第一批本科志愿，就点击“第一批本科”，进入第一批本科志愿栏，按志愿草表上的院校代号和专业代号填到一本志愿栏内。填完一本志愿后，如果还要填报二本志愿，就点击“第二批本科”，进入第二批本科志愿栏填二本志愿。不同批次不同序号的院校志愿和不同序号的专业志愿要填到对应的志愿栏，每个志愿要与志愿栏一一对应。

第六步：检查核对。

院校代号和专业代号输入完毕后，点击“下一步”按钮，网上志愿填报系统将所填写的代号转换成相对应的院校和专业，屏幕上会显示填报的院校名称和专业名称。这时候，要阅读屏幕上的提示信息，仔细核实显示的学校和专业是不是想要填报的，如果不是，或出现红色字体显示的“无效院校”或“无效专业”就说明填错了代号，一定要按正确的代号更正。

第七步：保存志愿信息。

检查志愿信息无误后，点击“保存”按钮，只有点击了“保存”按钮，填报的志愿信息才有效；否则志愿信息不被保存，等于没有填报志愿。每一个批次的志愿填好后，都要点击“保存”按钮，保存这个批次的志愿信息。

第八步：查询志愿，退出系统。

把需要填报的各批次志愿全部填报完毕后，点击“查询志愿”按钮，可以全面查看各批次志愿填报情况，检查所填批次、院校、专业志愿是否完整准确，是否存在无效院校志愿或无效专业志愿。如果没有问题了，点击“安全退出”按钮，退出网上填报志愿系统，关闭志愿填报的浏览器页面。

修改志愿：考生在截止时间之前可以随时登录系统使用“填报志愿”与“查询志愿”功能。多次修改志愿，直到不修改为止。

如上所述，高考志愿填报的每一个步骤内容简单，用文字都可以描述得非常清楚，对于逻辑关系较复杂的过程，单凭文字描述就会捉襟见肘，表达不准确。例如填报的志愿如果需要修改，需要重新登录，会在第八步到第三步之间形成一个闭环，并且需要在相对应的过程做出判断，否则就会导致处理过程无法终止。这时如果采用流程图来描述“高考志愿填报”业务过程会更加直观、清晰。用流程图描述的高考志愿填报过程如图1-1所示。

与文字描述“高考志愿填报”过程相对比，采用流程图形式的描述更能体现“高考志愿填报”过程中各个步骤的逻辑关联性，各种图形符号的使用使“高考志愿填报”处理过程更清晰、明了。客观世界中任意一件事情的解决方案都有开始，有结束，有具体处理的步骤。这些步骤通过顺序、选择或者循环等逻辑关联才构成完整的解决方案。

1.1.2 流程图以及流程图的基本图形符号

流程图（Flow Chart）是以特定的图形符号加上说明来描述一件事情处理过程的工具。流程图由开始框、输入框、处理框、输出框、判断框、流程线、连接符、结束框等基本图形符号构成。流程图的基本图形符号及其含义如表1-1所示。

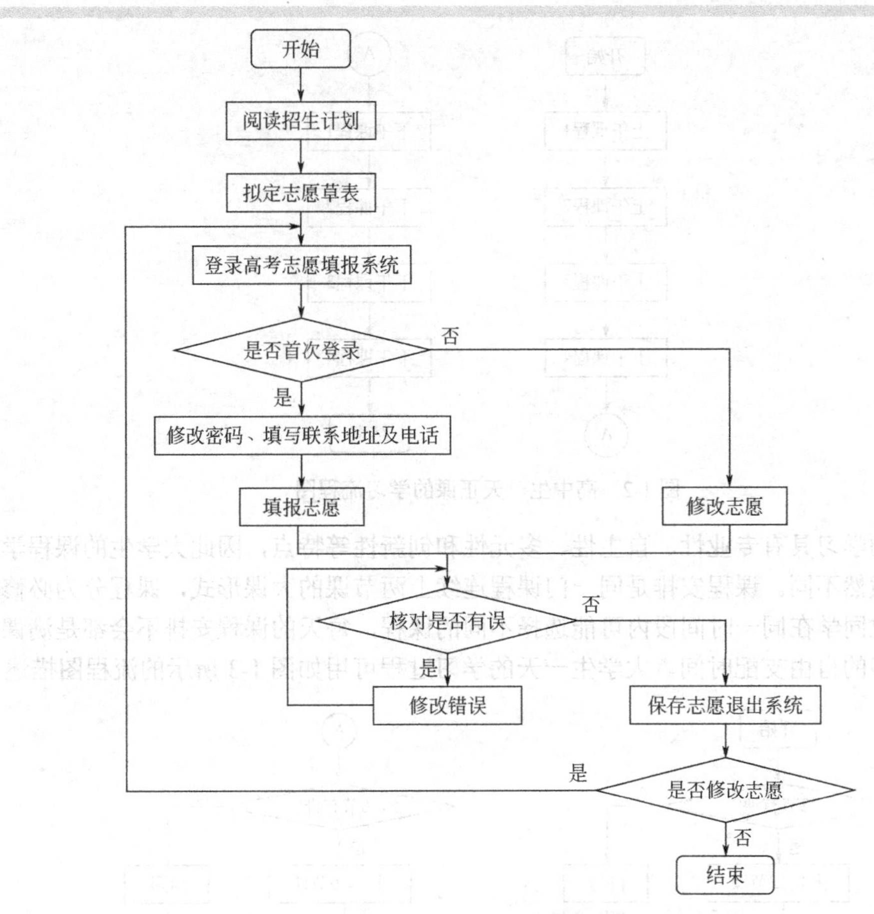

图 1-1 高考志愿填报流程图

表 1-1 流程图基本图形符号及含义

基本图形符号	名 称	含 义
(圆角矩形)	开始/结束框	表示业务处理的开始或者结束
(平行四边形)	输入/输出框	表示业务处理过程中数据输入或输出操作
→ ↓	流程线	表示业务处理的走向
(菱形)	判断框	表示决策或判断
(矩形)	处理框	表示要进行具体处理操作
(圆)	连接符	表示同一流程图中不同部分之间的连接

高中生学习任务比较重，时间安排紧凑，一天到晚除了八节课的学习任务之外，还会安排早、晚自习。每天的八节正课对每位同学都一样，不允许学生选择取舍哪节课，因此高中生在校每天的学习流程是一个固定的顺序结构和内容。如图 1-2 所示，从上午第一节课开始到下午第四节课结束，按时间的先后顺序通过流程线的连接构成高中生在校一天正课的学习流程图。

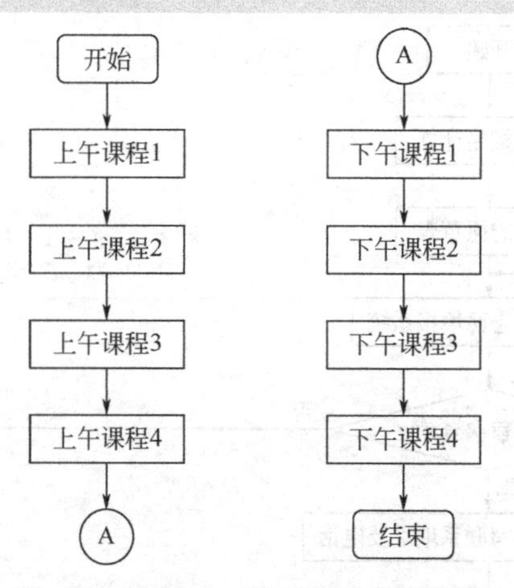

图 1-2　高中生一天正课的学习流程图

大学生的学习具有专业性、自主性、多元性和创新性等特点，因此大学生的课程学习安排与高中生截然不同。课程安排是同一门课程连续上两节课的大课形式，课程分为必修课和选修课，每位同学在同一时间段内可能选择不同的课程，每天的课程安排不会都是满课，学生有相对较多的自由支配时间。大学生一天的学习过程可用如图 1-3 所示的流程图描述。

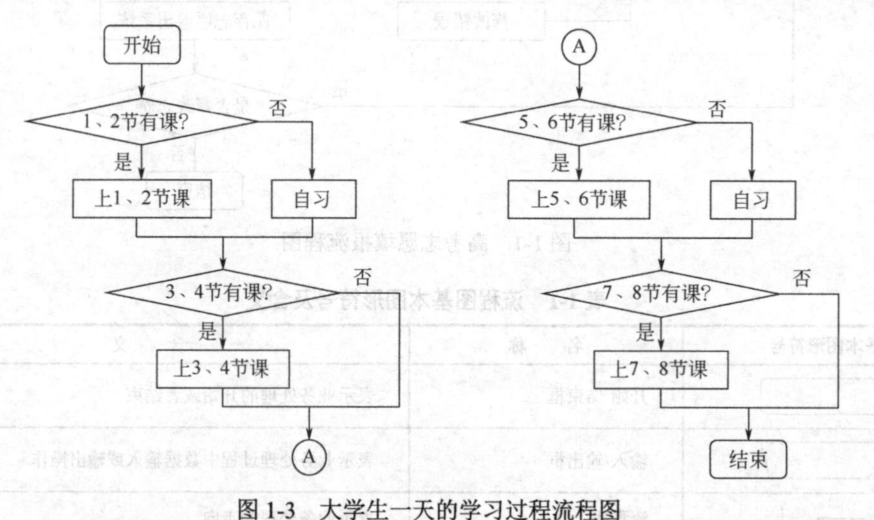

图 1-3　大学生一天的学习过程流程图

1.2　用流程图描述公式法求一元二次方程解的过程

只含有一个未知数（一元），并且未知数项的最高次数是 2（二次）的整式方程叫作一元二次方程。标准形式：$ax^2+bx+c=0$（$a\neq0$）。一元二次方程有 4 种解法，即直接开平方法、配方法、公式法、因式分解法。数学中把用求根公式法解一元二次方程归纳为以下步骤：

① 把方程化成一般形式 $ax^2+bx+c=0$，确定 a、b、c 的值（注意符号）；

② 求出判别式 $\Delta=b^2-4ac$ 的值（注：Δ读“德尔塔”），判断根的情况；

③ 在$\Delta\geqslant0$的前提下，把 a、b、c 的值代入公式 $x=\dfrac{-b\pm\sqrt{b^2-4ac}}{2a}$ 进行计算，求出方程的根。

如图 1-4 所示。为了保证一元二次方程的合法有效性，用公式法求解一元二次方程的过程可改进为：

① 输入一元二次方程的系数 a、b、c。

② 如果 a 等于零，一元二次方程无效，转⑥。

③ 计算$\Delta=b^2-4ac$。

④ 如果$\Delta>0$，有两个不同的实数根：$x_1=\dfrac{-b+\sqrt{\Delta}}{2a}$，$x_2=\dfrac{-b-\sqrt{\Delta}}{2a}$；如果$\Delta=0$，有一个实数根 $x=\dfrac{-b}{2a}$；如果$\Delta<0$，有两个不同的复数根：$x_1=\dfrac{-b+\sqrt{-\Delta}\mathrm{i}}{2a}$，$x_2=\dfrac{-b-\sqrt{-\Delta}\mathrm{i}}{2a}$。

⑤ 输出结果。

⑥ 结束。

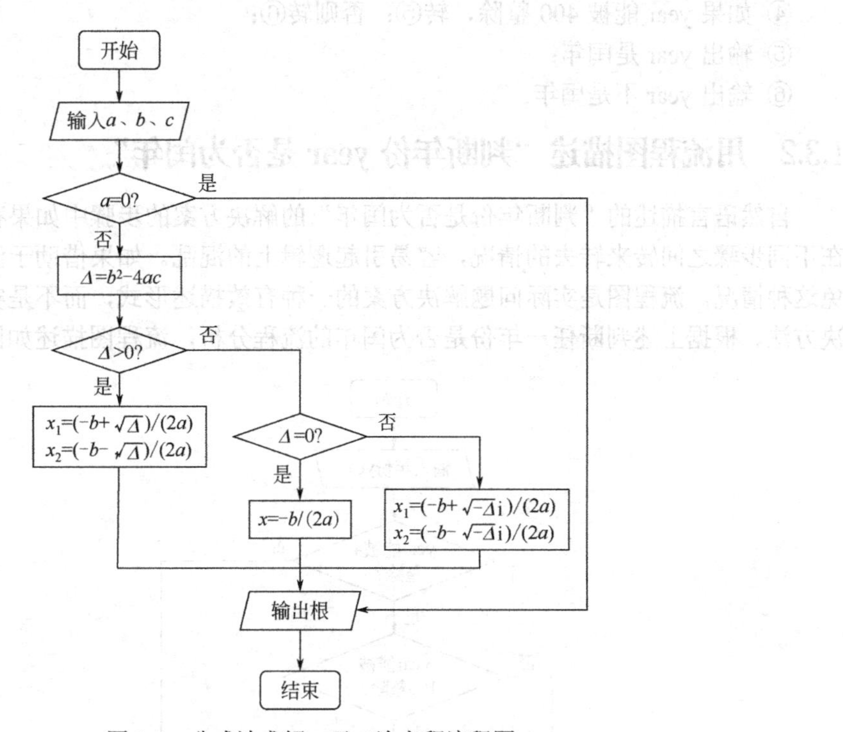

图 1-4　公式法求解一元二次方程流程图

1.3　用流程图描述判断任一年份是否为闰年

闰年（leap year）是为了弥补因人为历法规定造成的年度天数与地球实际公转周期的时间差而设立的。地球绕太阳运行周期为 365 天 5 小时 48 分 46 秒（合 365.24219 天），为一回归年（tropical year）。公历的平年只有 365 天，比回归年短约 0.2422 天，所余下的时间约为每四年累计一天，故第四年于 2 月末加 1 天，使当年的历年长度为 366 天，补上时间差的这一年为闰年。现行公历中每 400 年有 97 个闰年。按照每四年一个闰年计算，平均每年就要多算出 0.0078 天，这样经过四百年就会多算出大约 3 天来。因此每四百年中要减少三个闰年。所以公历规定：年份是整百数时，必须是 400 的倍数才是闰年；不是 400 的倍数的年份，即使是 4 的倍数也不是闰年。这就是通常所说的：“四年一闰，百年不闰，四百年再闰”。例如，2000 年是闰年，2100 年则是平年。

综上所述判断是否为闰年的条件是：

① 普通年能被4整除且不能被100整除的为闰年(如2004年就是闰年,1900年不是闰年)。

② 世纪年能被400整除的是闰年（如2000年是闰年，1900年不是闰年）。

1.3.1 判断任一年份是否为闰年的流程分析

判断任意一年是否为闰年，必须知道要判断的年份，这个年份通过输入来解决，可以是任意一个正整数。结合闰年的判断条件可归纳出判读year是否为闰年的步骤。

① 输入实际年份year;

② 如果year能被4整除，继续③；否则转⑥;

③ 如果year能被100整除，继续④；否则转⑤;

④ 如果year能被400整除，转⑤；否则转⑥;

⑤ 输出year是闰年;

⑥ 输出year不是闰年。

1.3.2 用流程图描述“判断年份year是否为闰年”

自然语言描述的“判断年份是否为闰年”的解决方案的步骤中如果存在条件，就会出现在不同步骤之间转来转去的情况，容易引起逻辑上的混乱。如果借助于流程图来描述将会避免这种情况。流程图是实际问题解决方案的一种有效描述形式，而不是实际问题的另一种解决方法。根据上述判断任一年份是否为闰年的流程分析，流程图描述如图1-5所示。

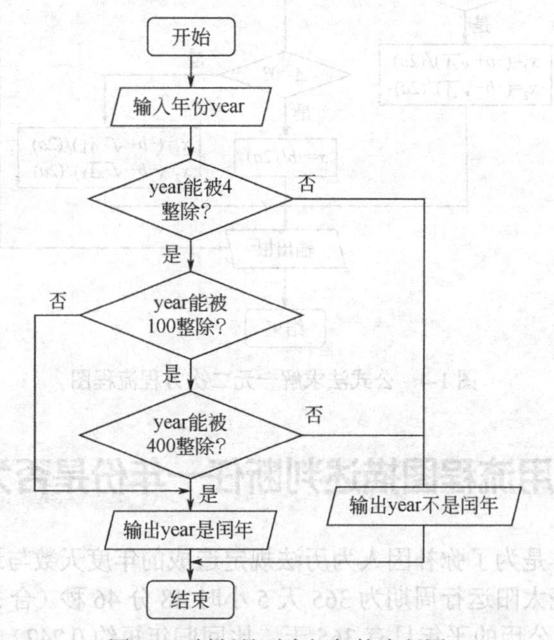

图1-5 判断是否为闰年的流程图

1.4 实践训练：用流程图描述网上火车票购买流程

火车是大学生寒暑假往返学校的主要交通工具，网上购买火车票方便快捷，用流程图描述通过已有账号在中国铁路客户服务中心网站购买火车票的流程。网上购买火车票的分为以下步骤。

第一步：打开网站。中国铁路客户服务中心网站 www.12306.cn。

第二步：登录。输入账号、密码，选择验证码登录。

第三步：余票查找。根据出发地、目的地和日期查找余票。如果有余票，进行预订；如果没有余票，选择其他日期或行程继续购票，或购票失败，结束。

第四步：预定。输入乘客信息，选择席别和票种，输入验证码提交订单。

第五步：确认订单信息，则继续下一步，修改订单信息则返回上一步。

第六步：账单支付。选择网上支付，继续下一步；选择取消订单，则返回余票查找。

第七步：支付成功，购票结束，显示车票信息；支付不成功，则购票失败，结束。

使用以上学习的流程图基本图形符号描述网上购买火车票过程，要求购票过程清晰明了，绘图规范、正确、工整。

1.5　本章小结

本章介绍了流程图及如何使用流程图描述问题的过程和步骤。作为一个通用的过程描述工具，流程图在生活生产实践中有非常广泛的应用，特别是在程序设计中，流程图是描述算法的一种有力工具，因此掌握好流程图这个工具将为学好程序设计打下坚实的基础，这也是把流程图作为第1章内容的初衷，在C语言程序设计后续内容的学习中将会频繁使用流程图描述实际问题的解决方案。

本章通过三个实际案例、一个实践训练，介绍了流程图及其基本图形符号的使用，通过本章的学习，读者不仅要能读懂别人绘制的流程图，更要会使用流程图这种工具描述具体问题的解决过程。

课后习题

1. 流程图中用下列哪一个图形符号表示判断？（）

A. ▭　　B. ◇　　C. ▱　　D. ○

2. 流程图中用于描述输出的是下列哪一个图形符号？（）

A. ▭　　B. ◇　　C. ▱　　D. ▢

3. 请用流程图描述将华氏温度 t_F（单位℉）转换为摄氏温度 t（单位℃）和热力学温度 T（单位K）的过程。提示：$\frac{t_F}{℉}=\frac{9}{5}\times\frac{t}{℃}+32=\frac{9}{5}\times\frac{T}{K}-459.67$。为表达方便，程序中分别用F、C、K表示 t_F、t、T。可得 $C=(F-32)\times\frac{5}{9}$，K=C+273.16。

4. 用流程图描述求2018年X（1≤X≤5）月有Y天的过程。

5. 用流程图描述求M年X（1≤X≤6）月Y日是M年第W天的过程。

6. 用流程图描述服装生产过程。服装产品工艺流程：首先对布料进行选择，看是否符合服装用料的要求，接着把符合用料的布匹按设计图纸加以裁剪，做成服装的“各个零部件”。其次，又把需要做图案装饰的零部件印上绣花。下一步，把服装的各个部件接边缝制成件。再把成件的衣服用熨斗烫平。接着把成衣交给质检部门检验质量是否合格。最后把检验合格的产品进行包装。

第2章 项目驱动案例设置

知识来源于生活，高于生活，反过来又为生活服务。学习知识的目的是为了应用，尤其是生活中的综合应用。在传统的C语言课程学习过程中，同学们往往感觉自己对课本知识已经掌握得很好了，然而一旦要用来解决实际问题，立马感觉无从下手，这种情况反馈回来的信息是学生在学习过程中训练得少，尤其是综合性实际项目的训练更少。

基于学生缺少实际项目训练的情况，本书设计了两个实际项目案例“学生班级成绩管理系统”和“班主任管家系统”贯穿于C语言课程的各个章节。通过实际项目来驱动教学，使得每学完一章，项目都能推进一步，产生一个中间结果，课程内容的学完之日就是项目完工之时。“学生班级成绩管理系统”用来驱动教学，“班主任管家系统”用来综合训练，学练结合，以期达到开发实际项目之目的。

本章学习目标与要求：

① 了解教学用案例“学生班级成绩管理系统”的功能目标；

② 了解练习用案例“班主任管家系统”的功能目标。

2.1 教学案例：学生班级成绩管理系统

本书以项目案例“学生班级成绩管理系统”的设计与实现为主线，通过分解将项目内容与C语言程序设计的所有相关知识相互融合，每一章均以日常生活中的场景示例进行讲解，最后归结到项目实现上。这样的教学设计使得学习C语言的过程就如同在爬一座高楼，每一章内容对应一个楼层，每一章的学习都有一个结果，学完每一章都是对项目的推进，学习完本课程，项目也能顺利完工。C语言能够用来解决日常生活中的问题，生活场景作为示例是为了增加同学们的学习兴趣。

2.1.1 学生班级成绩管理系统应用背景

**科技大学地处中国东部某省份的沿海开放城市，学校现有72个本科专业，在校生30000余人。目前学校通过教务管理系统管理全校学生的成绩信息，该系统不具有分班级学生成绩管理功能，更不能对班级学生的成绩进行统计分析，为方便管理班级学生成绩信息，决定开发一套学生班级成绩管理系统，以实现对班级学生成绩的自动化管理。

项目采用以个人开发为主的方式，在完成项目需求的前提下，允许个人增加实际功能。本书介绍的开发过程仅供参考。

2.1.2　学生班级成绩管理的需求

学生班级成绩管理系统的开发以**科技大学的所有班级应用为背景，每个班级人数不超过45人。系统的使用者包括教师和学生两类人员。系统的流程如图2-1所示，学生先在系统中注册用户信息，待全部学生注册完信息，教师录入成绩后予以保存。如果成绩录入有误，或重新考试后，可以对成绩进行修改，教师在录完成绩后可以查询任意一名同学任意一门功课的成绩，也可以对班级成绩进行统计、分析、排序。学生通过登录系统可以查询自己的成绩（不能查询其他同学的成绩），可以查询某门功课的班级排名，也可以查询总成绩在班级的排名情况。系统采取菜单的方式进行功能导航。

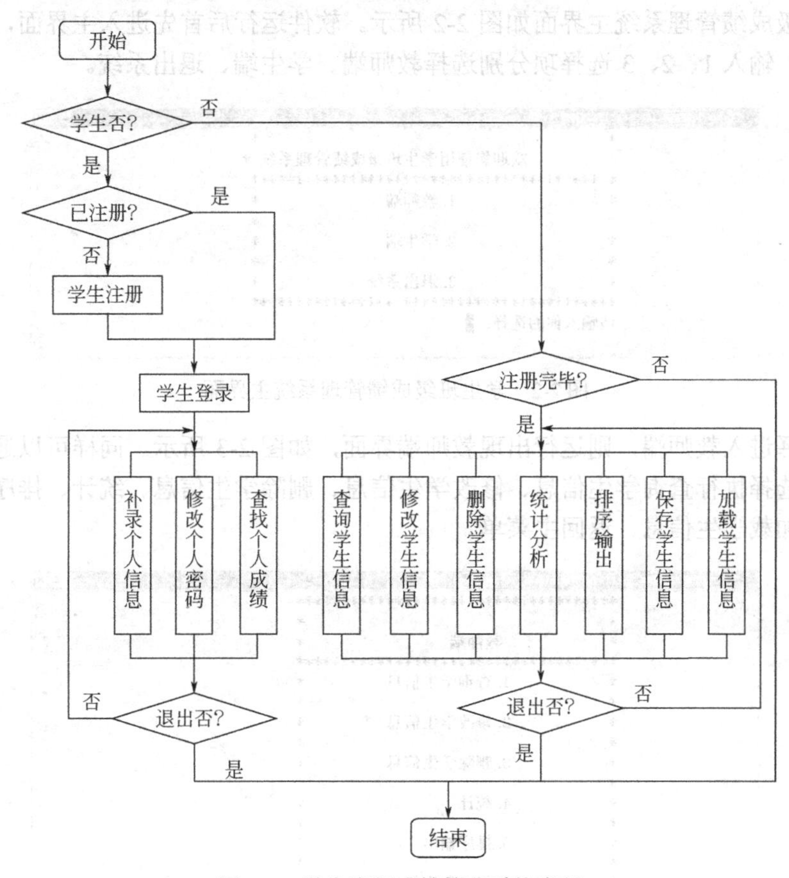

图2-1　学生班级成绩管理系统流程

（1）功能需求

① 注册：学生用户，注册信息包括学生姓名、身份证号、学号、出生日期等信息；

② 登录：学生登录，学生输入用户名和密码登录系统，如果连续三次用户名或密码错误，则不能登录；

③ 信息补录：学生可以随时补录个人信息；

④ 密码修改：学生可以随时修改密码，以保证安全性；

⑤ 查询：学生查询自己的成绩和班级排名情况，教师可以查询任一学生信息；

⑥ 修改：教师可以修改任一学生除学号、姓名、身份证之外的其他信息；

⑦ 删除：系统不再保留留级、休学、退学学生信息，教师可以删除该学生信息；

⑧ 排序：按总成绩由高到低排序输出；

⑨ 统计分析：统计分析各分数段所占比例；

⑩ 备份：将原始数据备份保存在硬盘。

（2）性能需求

① 操作要界面友好，有菜单选择；

② 操作响应时间短，小于1s；

③ 系统开发要求紧跟教学进度安排，在课程教学进度内完成。

2.1.3 学生班级成绩管理系统开发情况

学生班级成绩管理系统主界面如图2-2所示。软件运行后首先进入主界面，在主界面可以通过提示，输入1、2、3选择项分别选择教师端、学生端、退出系统。

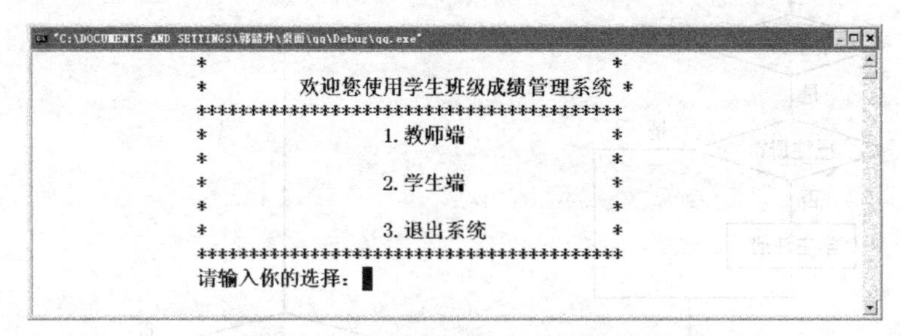

图2-2 学生班级成绩管理系统主界面

如果选择进入教师端，则运行出现教师端界面，如图2-3所示。同样可以通过输入不同的选择项，选择执行查询学生信息、修改学生信息、删除学生信息、统计、排序输出、保存学生信息、加载学生信息、返回主菜单。

图2-3 学生班级成绩管理系统教师端界面

如果选择进入学生端，则运行学生端界面，如图2-4所示。可以通过输入不同的选择项，分别执行注册用户、登录、返回主菜单等功能。

学生登录后进入如图2-5所示界面。显示“马金鹏 同学正在学生端操作”，可以执行补录个人信息、查找个人成绩、修改密码、返回等功能。

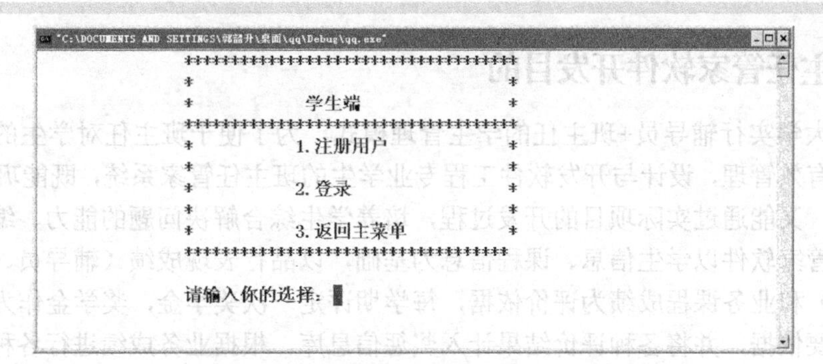

图 2-4　学生班级成绩管理系统学生端界面

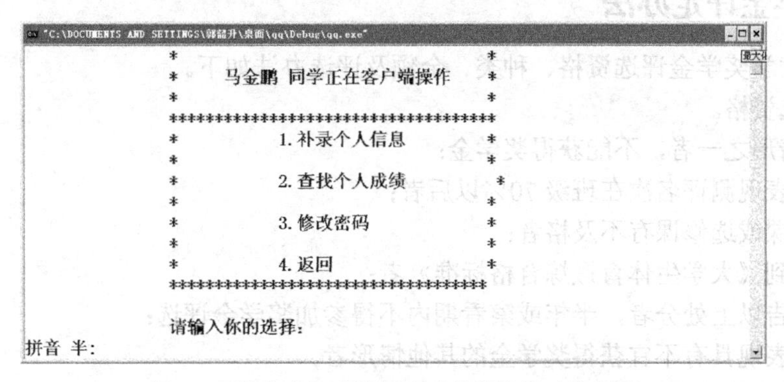

图 2-5　学生班级成绩管理系统学生端功能界面

系统从主界面运行开始，教师进入教师端运行，学生进入学生端运行，当相应操作执行结束时，均需返回主界面，选择退出结束系统运行，即系统提供唯一的入口和唯一的出口。系统退出界面如图 2-6 所示。

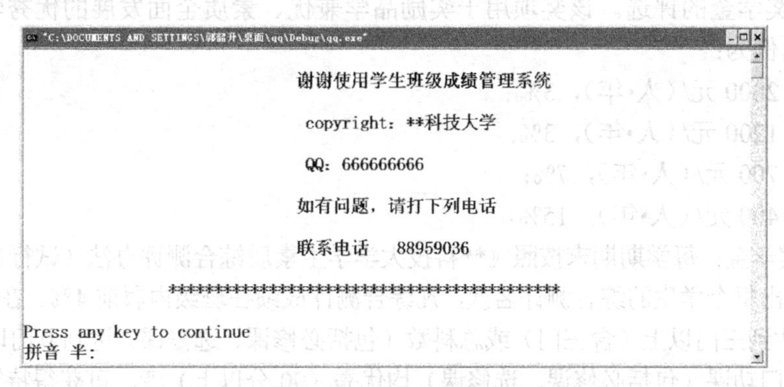

图 2-6　学生班级成绩管理系统退出界面

2.2　班主任管家软件的设计与实现

对于C语言的初学者而言，学生班级成绩管理系统的设计初衷是提高同学们的学习兴趣，在老师的讲解下边学边练，有针对性地解决问题。在完成 C 语言课程知识学习后，同学们也跟着老师完成了学生班级成绩管理系统的设计与开发，C 语言的基础知识、基本技能掌握情况如何，能否独立开发一个实际项目呢？为此布置“班主任管家软件的设计与开发”作为 C 语言程序设计的实训项目。

2.2.1 班主任管家软件开发目的

**科技大学实行辅导员+班主任的学生管理模式，为了便于班主任对学生的日常生活、学习等进行有效管理，设计与开发软件工程专业学生的班主任管家系统，既能巩固所学C语言基础知识，又能通过实际项目的开发过程，培养学生综合解决问题的能力、编程能力等。

班主任管家软件以学生信息、课程信息为基础，以品行表现成绩（辅导员、班主任、班级评议成绩）和业务课程成绩为评价依据，每学期评定一次奖学金，奖学金作为学生评定各种荣誉的主要依据，并将各种评价结果计入奖惩信息库。根据业务成绩进行各种统计分析。

2.2.2 奖学金评定办法

**科技大学奖学金评选资格、种类、金额及评选办法如下。

（1）评选资格。

有下列情形之一者，不能获得奖学金：

① 品行表现测评名次在班级70%以后者；

② 必修课或选修课有不及格者；

③ 未达到《大学生体育锻炼合格标准》者；

④ 受警告以上处分者，半年或察看期内不得参加奖学金评选；

⑤ 品行表现具有不宜获得奖学金的其他情形者。

（2）奖学金的种类、金额及评选标准、评选办法

**科技大学奖学金包括校长奖学金、综合奖学金、单项素质奖学金、专项奖学金四类。

① 校长奖学金的评选。学校每学年组织**科技大学“十大优秀学生”的评选，被评为校“十大优秀学生”者即获得该学年校长奖学金，奖励金额为2000元/（人•年）。

② 综合奖学金的评选。该奖项用于奖励品学兼优、素质全面发展的优秀学生。奖励等级、金额、比例为：

特等奖：2000元/（人•年），3‰；

一等奖：1200元/（人•年），3%；

二等奖：700元/（人•年），7%；

三等奖：400元/（人•年），15%。

a. 特等奖学金：每学期期末按照《**科技大学学生素质综合测评办法（试行）》的规定，以班级为单位排出每个学生的综合测评名次，凡综合测评成绩在班级内属前4%，在该学期内考试（必修）课数达到三门以上（含三门）或总科数（包括必修课、选修课）达到五门以上（含五门）的学生，且各门功课（包括必修课、选修课）均优秀（90分以上）者，可获得特等奖学金。

b. 一、二、三等奖学金：以班级为单位，根据综合测评名次排列，列前25%名次者可参评奖学金。一、二、三等奖学金不全部评选的班级，可按学生数的3%、7%、15%的比例，只评选其中的一个等级。

③ 单项素质奖学金的评选。单项素质奖学金用于奖励在思想道德、学习、科技创新、文体活动、社会实践等某一方面表现突出、素质优异的学生，包括：

a. 思想品德奖：200元/（人•年），5%；

b. 社会实践奖：200元/（人•年），8%；

c. 文体优秀奖：200元/（人•年），5%；

d. 学习进步奖：200元/（人•年），2%；

e. 科技创新奖：1000～2000元/（项•年）。

④ 专项奖学金的评选。

a. 优秀运动员奖学金。

b. 定向奖学金。

c. 其他单位或个人出资设立的奖学金。

专项奖学金的评选办法由学校另行发文颁布。

2.2.3　系统信息规范化

该系统为实际应用系统，要求系统中所用的信息真实有效。

（1）学生基本信息

包括学号、姓名、宿舍号、性别、年龄。

学号为标准格式（如 1508100201）十位，其中前两位代表学生入学年份，3～4 位代表学生所在学院，5～6位代表学生所学专业、7～8位代表学生所在班级，9～10位代表学生在班级中的序号。姓名最多为4个汉字。宿舍号格式为区域-楼号-房间号，例如“南区-8-101”，在设计时可参照使用学校的具体情况。性别为“男”或“女”。年龄为2位正整数。

（2）课程信息

包括课程号、课程类别、课程所在学期、课程名称、学分。

课程号为标准课号，例如B08010100。课程类别为：选修/必修。所在学期用阿拉伯数字1～8 代表。课程名称为2018 版人才培养计划中的课程名称。课程对应的学分在人才培养计划中是直接给定的，是课程学时除以16，取值范围是1、1.5、2、2.5、3、3.5、4、4.5、5、5.5、6。

（3）学生成绩信息

包括学号、课程号、课程成绩、是否重修。

学号为学生信息中的主关键字，可以唯一识别学生。课程号为课程信息的主关键字，可以唯一识别课程。课程成绩是1～100之间的实数。是否重修用于判断课程成绩是否是第一次考试取得。

（4）综合信息

包括学号、姓名、获奖类别、获奖时间、惩处类别、惩处时间、所获学分、奖励分值、惩罚分值。以文件形式保存，格式为：term1.txt。

奖励分值计算办法：起始分值为0分。

① 奖学金计分：获得单项奖学金+1分，三等奖学金+2分，二等奖学金+3分，一等奖学金+4 分，特等奖学金+5分，校长奖学金+6分。

② 荣誉积分：校级各种优秀个人+3分，省级各种个人优秀+6分，国家级各种优秀+12分。

③ 学科竞赛：省级以上学科竞赛成功参赛奖+1分，省级三等奖+4分、省级二等奖+5分、省级一等奖+6 分，国家级三等奖+6分、国家级二等奖+9分、国家级一等奖+12分，校级三等奖+1 分，校级二等奖+2分，校级一等奖+3分。

惩罚分值计算办法：起始分值为0分。

学院通报批评−1分，校级警告−2分，严重警告−3分，记过−4分，记大过−5分，开除学籍留校察看−6分。

2.2.4　班主任管家软件功能要求

（1）录入部分

① 能实现学生信息的录入、修改并保存；

② 能实现课程信息的录入、修改并保存；

③ 能分学期录入品行表现成绩（辅导员、班主任、班级评议）、修改并保存；

④ 能实现课程成绩的录入，并且在实现某课程成绩录入时，能够自动按学号排好顺序，并提示“某学号、某同学、某门功课成绩”，例如“1508100201 丁兆元 C 语言程序设计 A 成绩:”；

⑤ 能录入学生的各种奖惩信息。

（2）修改部分

① 能对录入的课程成绩进行修改，例如成绩录错、重考、重修原因引起的成绩更改等；

② 能对个人信息进行修改；

③ 能对课程信息进行修改；

④ 能对学生奖惩信息进行修改。

（3）统计分析部分

① 能对某门功课各分数段成绩进行统计；

② 能分学期对学生业务课程平均分按分数段进行统计；

③ 能统计任意一名同学每门功课的班级排名以及业务课成绩总体排名；

④ 能以宿舍为单位进行成绩统计分析；

⑤ 能以挂科次数为依据分学期对比分析；

⑥ 能以业务课班级排名为依据分学期对比分析（前进或退步情况）。

（4）排序部分

① 分学期按业务课程成绩对学生由高到低排序，并显示业务成绩平均分；

② 分学期按不及格门次对学生由高到低排序，并显示不及格门次；

③ 分学期按不及格学生数对课程进行由高到低排序，并显示课程名及不及格学生数；

④ 能分学期以宿舍为单位按成绩由高到低进行排序，并显示宿舍平均成绩；

⑤ 能随时根据奖励对学生进行由高到低排序并输出信息；

⑥ 能随时根据惩罚情况对学生由低到高排序并输出信息。

（5）奖学金自动评定

能根据学校奖学金评选办法，分学期进行奖学金评定并显示，并能够将评选结果自动追加到学生的奖惩信息库。

（6）数据的导入导出

基础数据一次录入永久存放，在需要时导入内存变量，如有修改重新导入文件，使永久保存的数据与临时使用的数据保持一致性。

2.2.5 性能需求

① 系统有功能导航，操作灵活。

② 录入无非法数据。能对数据进行非法性检测，保证进入系统内的数据均为合法数据。自动检测成绩的合法范围，例如〈0 或〉100 为非法数据，提示录入数据非法，重新录入。

③ 输入输出数据格式规范。输入数据有提示，输出的数据含义醒目。

④ 运算结果准确。

2.3 本章小结

本章布置了两个贯穿于C语言知识的综合案例及要求，希望在每章内容学习完成后，同学们能亲自动手练习，及时掌握和巩固所学知识，将知识内化为能力，将能力提升为素质。

第3章

关键字、标识符及数的进制转换

C 语言是一门通用计算机编程语言，它简洁、紧凑，使用方便、灵活。ANSI C 标准共有 32 个关键字、9 种控制语句，程序书写形式自由，区分大小写。C 语言的数据类型有：整型、实型、字符型、数组类型、指针类型、结构体类型、共用体类型等，能用来实现各种复杂数据结构的运算。C 语言引入了指针概念，使程序效率更高；计算功能、逻辑判断功能强大；具有强大的图形功能，支持多种显示器和驱动器。

C 语言是大部分程序员学习的第一门程序设计语言，因此对于 C 语言的学习就像是人刚开始学说话一样，必须从一字、一句开始学起，本章将介绍 C 语言中的关键字、标识符和二进制数以及各种不同进制之间的相互转换。

本章学习目标与要求：

① 识别 C 语言关键字，并能理解各个关键字的含义；

② 了解标识符的命名规则，并能正确命名；

③ 掌握二进制的表示以及各种进制之间的转换。

3.1　关键字

关键字是 C 语言已经预先定义的具有**特殊含义**的 32 个单词，通常也称作保留字，关键字不得用作其他用途。

根据关键字的作用，可将其分为数据类型关键字、控制语句关键字、存储类型关键字和其他关键字四类。

（1）数据类型关键字（12 个）

① int：声明整型变量或函数。

② long：声明长整型变量或函数。

③ short：声明短整型变量或函数。

④ signed：声明有符号类型变量或函数。

⑤ unsigned：声明无符号类型变量或函数。

⑥ float：声明浮点型变量或函数。

⑦ double：声明双精度变量或函数。

⑧ char：声明字符型变量或函数。

⑨ enum：声明枚举类型。

⑩ struct：声明结构体变量或函数。

⑪ union：声明共用体（联合）数据类型。

⑫ void：声明函数无返回值或无参数，声明无类型指针。

（2）控制语句关键字（12 个）

① 条件语句。

if：条件语句。

else：条件语句否定分支（与 if 连用）。

goto：无条件跳转语句。

② 开关语句。

switch：用于开关语句。

case：开关语句分支。

default：开关语句中的“其他”分支。

③ 循环语句。

while：循环语句的循环条件。

do：循环语句的循环体。

for：一种循环语句。

break：跳出当前循环。

continue：结束当前循环，开始下一轮循环开关语句。

④ 返回语句。

return：子程序返回语句（可以带参数，也可不带参数）。

（3）存储类型关键字（4 个）

① auto：声明自动变量。

② extern：在其他文件中声明的变量或函数。

③ register：声明寄存器变量。

④ static：声明静态变量。

（4）其他关键字（4 个）

① const：声明只读变量。

② sizeof：计算数据类型长度。

③ typedef：用以给数据类型取别名。

④ volatile：说明变量在程序执行中可被隐含地改变。

3.2 标识符

在C语言中，标识符是用来标识某个实体的一个具有**特定含义**的符号。C语言的实体包括变量、符号常量、数据类型、函数、数组、文件等。

C语言把标识符分为**预定义标识符和用户自定义标识符**。预定义标识符是C语言中系统预先定义的标识符，如系统类库名、系统常量名、系统函数名。预定义标识符具有见字明义的特点，如函数“格式输出”（英语全称加缩写：printf）、“格式输入”（英语全称加缩写：scanf）、sin、isalnum 等。预定义标识符可以作为用户标识符使用，只是这样会失去系统规定的原意，使用不当还会使程序出错。

C语言的用户标识符由英文字母或下划线开头，由英文字母、下划线和数字的组合构成。

C 语言的用户标识符使用频率高，标识面广，应当正确理解、灵活使用。

① 用户标识符由字母（A～Z，a～z）、数字（0～9）、下划线“_”组成，并且首字符不能是数字，但可以是字母或者下划线。例如，正确的标识符：abc，a1，prog_to。

② 不能把 C 语言关键字作为用户标识符，例如 if、for、while 等。

③ 标识符长度是由机器上的编译系统决定的，一般的限制为 8 字符（注：8 字符长度限制是 C89 标准，C99 标准已经扩充长度，其实大部分工业标准都更长）。

④ 用户标识符对大小写敏感，即严格区分大小写。一般对变量名用小写，符号常量命名用大写。

⑤ 用户标识符的特定含义体现在命名应做到“见名知意”，例如，长度（length），求和、总计（sum），圆周率（pi）……

这些标识符名是合法的：year，Day，ATOK，x1，_CWS，_change_to。而另一些标识符名是不合法的：#123，.COM，$100，1996Y，1_2_3。

3.3　数的进制及转换

进制也就是进位制，是人们规定的一种进位方法。数的进位制具有以下特点：

（1）基数确定进制

表示一个数时所用到的数字符号的个数称为基数。十进制的基数是 10，二进制的基数是 2，八进制的基数是 8，十六进制的基数是 16。对于任何一种进制——X 进制，就表示任一位置上的数运算时是逢 X 进一位。

（2）数码确定表示数的符号范围

数制中表示基本数值大小的不同数字符号称为数码。例如，十进制有 10 个数码：0、1、2、3、4、5、6、7、8、9；二进制有 2 个数码：0、1；八进制有 8 个数码：0、1、2、3、4、5、6、7；十六进制有 16 个数码：0、1、2、3、4、5、6、7、8、9、a（A）、b（B）、c（C）、d（D）、e（E）、f（F）。

（3）位权确定每一位置数字所对应的单位值

十进制第 2 位的权为 10，第 3 位的权为 100；而二进制第 2 位的位权为 2，第 3 位的位权为 4，对于 N 进制数，整数部分第 i 位的位权为 N^{i-1}，而小数部分第 j 位的位权为 N^{-j}。

对于任何数，可以用不同的进位制来表示。比如：十进数 57，可以用二进制表示为 111001，可以用五进制表示为 212，也可以用八进制表示为 71，还可以用十六进制表示为 39，它们所代表的数值都是一样的。现实世界通常用十进制表示数，而在计算机内用二进制表示数。

3.3.1　十进制

十进制（Decimal）是一种以 10 为基数的计数法。采用 0、1、2、3、4、5、6、7、8、9 十个数码，逢十进一。十进制是日常生活中使用频率最高的数字系统。

（1）十进制整数转换为二进制

十进制整数转换为二进制的规律是“除 2 取余，余数倒取”。即将十进制整数除以 2 取余数，让商作为被除数再除以 2 再取余数，直到商为 0，按每次取到余数的顺序颠倒过来写就是该十进制整数转换成的二进制数。

例如：

```
2 | 42
2 | 21  ……0
2 | 10  ……1
2 | 5   ……0
2 | 2   ……1
2 | 1   ……0
2 | 0   ……1
```

因此 $42=(101010)_2$，$-42=(-101010)_2$

（2）十进制小数转换为二进制

十进制小数转换为二进制小数的规律是“乘 2 取整，整数正取”。即将十进制小数乘以 2 取整数部分，然后将剩余的小数部分乘以 2 再取整数部分，直到小数部分为 0 或者已取够小数部分为止。将每次取到的整数按得到的先后顺序写在小数点后即为该十进制小数转换成的二进制数小数。

例如：

$0.125\times2=0.25$	0	$0.366\times2=0.732$	0
$0.25\times2=0.5$	0	$0.732\times2=1.464$	1
$0.5\times2=1.0$	1	$0.464\times2=0.928$	0
		$0.928\times2=1.856$	1
		$0.856\times2=1.712$	1
$0.125=(0.001)_2$		$-0.366=(-0.01011)_2$	

3.3.2 二进制

二进制（Binary）是一种以 2 为基数的计数法，采用 0、1 两个数码，逢二进一。整数部分第 i 位的位权为 2^{i-1}，小数部分第 j 位的位权为 2^{-j}，如表 3-1 所示。

表 3-1 二进制权值表

位置 i	…	3	2	1	0	−1	−2	…	$-j$
权值 2^i	…	2^3	2^2	2^1	2^0	2^{-1}	2^{-2}	…	2^{-j}

为区别于其他进制数，二进制数的书写通常在数的右下方注上基数 2，或后面加 B 表示。例如：二进制数 10110011 可以写成 $(10110011)_2$，或写成 10110011B，十进制数可以不加注。

（1）二进制数值转换为十进制数值

二进制数转换为十进制数只需将二进制数串的各位数码按表 3-1 与对应位置的权值相乘再相加即可。例如：

$(1011)_2=1\times2^3+1\times2^1+1\times2^0=8+2+1=11$

$(-10101.01)_2=-(1\times2^4+1\times2^2+1\times2^0+1\times2^{-2})=-(16+4+1+0.25)=-21.25$

（2）二进制数值转换成八进制数值

二进制数值转换为八进制数值，整数部分从右向左，每三位看作一组，不足三位左补 0，然后按照表 3-2 中的二进制与八进制的对应关系，依次序将每三位二进制数转换为相应的八进制数即可。小数部分从左向右每三位看作一组，不足三位右补 0，然后按照表 3-2 中的二进制与八进制的对应关系，依次序将每三位二进制数转换为相应的八进制即可。

表 3-2　二进制/八进制换算表

二进制	八进制	二进制	八进制
000	0	100	4
001	1	101	5
010	2	110	6
011	3	111	7

例如：

$(10001101001)_2=(010\ 001\ 101\ 001)_2=(2151)_8$

$(0.1000101)_2=(0.100\ 010\ 100)_2=(0.424)_8$

$(1100.011)_2=(001\ 100.011)_2=(14.3)_8$

$(-10001.0011)_2=(-010\ 001.001\ 100)_2=(-21.14)_8$

（3）二进制数值转换为十六进制数值

二进制数值转换为十六进制数值，整数部分从右向左，每四位看作一组，不足四位左补 0，然后按照表 3-3 中的二进制与十六进制的对应关系，依次序将每四位二进制数转换为相应的十六进制即可。小数部分从左向右每四位看作一组，不足四位右补 0，然后按照表 3-3 中的二进制与十六进制的对应关系，依次序将每四位二进制数转换为相应的十六进制即可。

表 3-3　二进制/十六进制换算表

二进制	十六进制	二进制	十六进制
0000	0	1000	8
0001	1	1001	9
0010	2	1010	A（或 a）
0011	3	1011	B（或 b）
0100	4	1100	C（或 c）
0101	5	1101	D（或 d）
0110	6	1110	E（或 e）
0111	7	1111	F（或 f）

例如：

$(1001101001)_2=(0010\ 0110\ 1001)_2=(269)_{16}$

$(0.11101)_2=(0.1110\ 1000)_2=(0.E8)_{16}$

$(100111.01101)_2=(0010\ 0111.0110\ 1000)_2=(27.68)_{16}$

$(-1100111.010101)_2=(-0110\ 0111.0101\ 0100)_2=(-67.54)_{16}$

3.3.3　八进制

八进制（Octal，缩写 OCT 或 O）是一种以 8 为基数的计数法，采用 0、1、2、3、4、5、6、7 八个数码，逢八进一。**C 语言中以数字 0 开始表明该数值是八进制**。八进制的数和二进制数可以按位对应（八进制一位对应二进制三位），因此常应用在计算机语言中。

（1）八进制数值转换为十进制数值

八进制数值转换为十进制数值只需将八进制各位数字与表 3-4 中所对应的权值相乘后求和即可。

表 3-4　八进制权值表

位置 i	…	3	2	1	0	−1	−2	…	$-j$
权值 8^i	…	8^3	8^2	8^1	8^0	8^{-1}	8^{-2}	…	8^{-j}

例如：$(12.6)_8=1\times 8^1+2\times 8^0+6\times 8^{-1}=10.75$

（2）十进制数值转换为八进制数值

与十进制数值转换为二进制数值方法类似，十进制整数转换为八进制整数采用“除 8 取余，余数倒取”，十进制小数转换为八进制小数采用“乘 8 取整，整数正取”。

例如：

8 | 115
8 | 14　…3
8 | 1　…6
8 | 0　…1

因此 $115=(163)_8$　　　　$-115=(-163)_8$

$0.12=(0.075341)_8$

$16.125=(20.1)_8$

十进制数值转换为八进制数值也可以先采用十进制数值转化二进制数值的方法，再将二进制数值转换为八进制数值。

例如：$115=64+32+16+2+1=(1110011)_2=(163)_8$

（3）八进制数值转换为二进制数值

为了把八进制数值转换为二进制数值，只需依据表 3-2 中的对应关系，按照八进制数码次序，把每位八进制数码改写成与之等值的 3 位二进制序列即可。

例如：

$(123)_8=(001\ 010\ 011)_2=(1010011)_2$

$(0.456)_8=(0.100\ 101\ 110)_2=(0.100\ 101\ 11)_2$

$(17.36)_8=(001\ 111.011\ 110)_2=(1111.01111)_2$

3.3.4　十六进制

十六进制（Hexadecimal）是计算机中数据的一种表示方法，是一种以 16 为基数的计数法，它由 0～9，A～F 组成，字母不区分大小写。它与十进制的对应关系是：0～9 对应 0～9；A～F 对应 10～15。C 语言规定，十六进制数必须以 0x 开头，比如 0x1 就是十六进制数 1。

（1）十六进制数值转换为十进制数值

十六进制数值转换为十进制数值只需将十六进制各位数字与表 3-5 中所对应的权值相乘后求和即可。

表 3-5　十六进制权值表

位置 i	…	3	2	1	0	−1	−2	…	$-j$
权值 16^i	…	16^3	16^2	16^1	16^0	16^{-1}	16^{-2}	…	16^{-j}

例如：

$(235E)_{16}=2\times 16^3+3\times 16^2+5\times 16^1+14\times 16^0=2\times 4096+3\times 256+5\times 16+14=9054$

$(0.A1)_{16}=10\times16^{-1}+1\times16^{-2}=0.62890625$

$(-12.21)_{16}=-(1\times16^{1}+2\times16^{0}+2\times16^{-1}+1\times16^{-2})=-18.12890625$

（2）十进制数值转换为十六进制数值

与十进制整数转换为二进制整数、八进制整数类似，十进制整数转换为十六进制整数采用“除16取余，余数倒取”，十进制小数转换为十六进制小数采用“乘16取整，整数正取”。例如：

$256=(100)_{16}$

$0.06640625=(0.11)_{16}$

$-128.01=(-80.028F5)_{16}$

（3）十六进制数值转换为二进制数值

为了把十六进制数值转换为二进制数值，只需依据表3-3中的对应关系，按照十六进制数码次序，把每位十六进制数码改写成与之等值的4位二进制序列即可。

例如：

$(A3E4)_{16}=(1010\ 0011\ 1110\ 0100)_2=(1010001111100100)_2$

$(0.D2F)_{16}=(0.1101\ 0010\ 1111)_2=(0.110100101111)_2$

3.4 计算机中数的表示

计算机硬件系统由无数电气元件和超大规模集成电路构成，计算机硬件系统中所有电气元件只有两种状态。例如：电路中“有”“无”电流，电路中电压的“高”与“低”，晶体管的“导通”和“截止”等。用“1”和“0”表示每个电气元件的工作状态恰如其分。例如无电流用“0”表示，有电流用“1”表示。计算机中所有信息的存储与表示均采用二进制的唯一形式。

3.4.1 信息存储的相关概念

（1）字位

字位指一个二进制位，是计算机存储信息的最小单位。字位简称位，又称比特（bit）。一个二进制位只有两种状态，要么是0要么是1。

（2）字节

字节（Byte）是计算机中存储信息的基本单位。一个字节由八个二进制位组成，除了字节这种基本存储单位之外，还有KB、MB、GB、TB等，它们之间的换算关系是：1Byte=8bit，1KB=1024B，1MB=1024KB，1GB=1024MB，1TB=1024GB。

（3）字

字（Word）是计算机中用于表示其自然数据的单位，一般常用字长来表示。字长即CPU一次所能处理的二进制代码的位数，也就是CPU的位宽。平时说的8位处理器、16位处理器、32位处理器、64位处理器中的8位、16位、32位、64位就是对应处理器的字长。

3.4.2 机器数的表示形式

机器数（computer number）是将符号“数字化”的数，是数字在计算机中的二进制表示形式。机器数有两个特点：一是符号数字化，二是其数的大小受机器字长的限制。

实用的数据有正数和负数，由于计算机内部的硬件只能表示两种物理状态，因此实用数据的正号“+”或负号“−”，在机器里就用一位二进制的 0 或 1 来区别。通常这个符号放在二进制数的最高位，称符号位，以 0 代表符号“+”，以 1 代表符号“−”。因为符号占据一位，机器数就不等于真正的数值，带符号位的机器数对应的数值称为机器数的真值。例如：真值 −011011 对应的机器数为 1011011。机器数与真值只是形式不同，但大小相同。机器数针对计算机，真值针对用户，前面第三节不同进制数值之间的转换是以真值的形式进行的。

机器数的位数受机器设备的限制。机器字长决定了机器数的位数，有 8 位、16 位、32 位、64 位。现在常用的微型计算机的字长是 32 位或 64 位。如不特殊说明，字长都以 32 位为例。

根据小数点位置固定与否，机器数又可以分为**定点数**和**浮点数**。通常使用定点数表示整数，用浮点数表示实数。

定点数存储方式是采用符号位+数值位的形式。最高位为符号位，其余 31 位为数值位。

浮点数的存储方式是采用符号位+阶码+尾数的形式。其中阶码是机器中用标准科学计数法表示一个浮点数时的指数。阶码指明了小数点在数据中的位置，尾数指小数点后面的数，如图 3-1 所示。

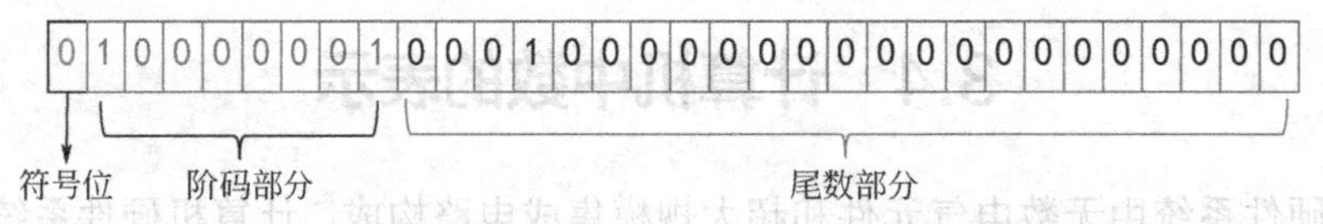

图 3-1　浮点数在计算机中的存储方式

符号位占 1 位，阶码占 8 位，尾数占 23 位。阶码界定了浮点数的大小，尾数决定了浮点数的精确度。

在计算机中，机器数也有不同的表示方法，通常用**原码、反码和补码**三种方式表示。

（1）机器数的原码表示法

原码表示法只表示整数，在长度为 32 位的机器数中约定最左边一位用作符号位，其余 31 位用于表示数值。数值位表示真值的绝对值，不足 31 位的在最高位左边加零以补足 31 位。

例如：

$[+120]_{\text{原}}$＝00000000 00000000 00000000 01111000

$[-120]_{\text{原}}$＝10000000 00000000 00000000 01111000

$[+0]_{\text{原}}$＝00000000 00000000 00000000 00000000

$[-0]_{\text{原}}$＝10000000 00000000 00000000 00000000

（2）反码表示方法

反码表示法也只表示整数。在反码表示方法中，正数的反码与原码相同，负数的反码由它对应原码除符号位之外，其余各位按位取反得到。

例如：

$[+120]_{\text{反}}$＝$[+120]_{\text{原}}$＝00000000 00000000 00000000 01111000

$[-120]_{\text{反}}$＝11111111 11111111 11111111 10000111

零的反码有两种表示方式，即：

$[+0]_{\text{反}}$＝00000000 00000000 00000000 00000000

$[-0]_{\text{反}}$＝11111111 11111111 11111111 11111111

（3）补码表示方法

在计算机中，补码既可以表示整数也可以表示浮点数。其中正整数的补码与原码相同，负整数的补码有两种求法。

例如：

$[+120]_{补}=[+120]_{原}=$00000000 00000000 00000000 01111000

① 利用反码求负整数的补码：反码加1。

$[-120]_{原}=$10000000 00000000 00000000 01111000

$[-120]_{反}=$11111111 11111111 11111111 10000111

$[-120]_{补}=$11111111 11111111 11111111 10001000

② 利用原码求补码（直接求补法）。找出原码中数值位的最右边的一个“1”，将这个“1”以及这个“1”右边各位保持不变，而将这个“1”左边各位按位取反，但符号位不变。如：

$[-120]_{原}=$10000000 00000000 00000000 01111000

$[-120]_{补}=$11111111 11111111 11111111 10001000

③ 浮点数的补码表示。在计算机中通常把浮点数分成阶码和尾数两部分来表示，其中阶码一般用补码定点整数表示，尾数一般用补码或原码定点小数表示。为保证不损失有效数字，对尾数进行规格化处理，也就是平时所说的科学记数法，实际数值通过阶码进行调整。尾数 S 表示了数 N 的全部有效数字。

例如：求−40.125的补码。

$-40.125=(-101000.001)_2=(-1.01000001\times2^5)_2$

指数5+偏移量127=132

阶码部分：$132=(10000100)_2$

符号位1

尾数部分01000001补足23位是0100000 10000000 00000000

$[-40.125]_{补}=$1 10000100 01000001000000000000000

采用补码表示数，可将减法运算转换成加法运算。在补码表示法中，零的补码只有一种表示法，即$[+0]_{补}=[-0]_{补}=$00000000 00000000 00000000 00000000。对于八位二进制数而言，补码能表示的数的范围为－128～＋127。

【例3.1】已知 X=+1010B，Y=−1010B，写出它们的原码、反码和补码形式。

$[+1010B]_{原}=$00001010B　　$[-1010B]_{原}=$10001010B

$[+1010B]_{反}=$00001010B　　$[-1010B]_{反}=$11110101B

$[+1010B]_{补}=$00001010B　　$[-1010B]_{补}=$11110110B

3.5 本章小结

本章介绍了C语言程序设计中具有特殊含义的32个关键字，C语言用于标识一个对象名称的标识符命名规则。

数的进制是数字在运算时的进位方法，本章介绍了与计算机存储相关的二进制、八进制、十六进制表示法，二进制、八进制、十六进制与十进制相互之间的转换与比较。

自然界中各种需要计算机处理的信息为了实现在计算机中处理和计算，必须实现数字化表达。计算机中信息的存储与表示采用数字化二进制形式的机器数。受机器字长度的影响，计算机中表示的数值范围有一定的限制，部分数值的表示也存在一定的误差。计算机中机器数的表示存在原码、反码和补码三种形式，由于补码更能有效表现数字在计算机中的形式，因此多数计算机一般都采用补码表示。

课后习题

1. 下列不属于C语言关键字的是（　）。

A．default　　B. enum　　C. register　　D.external

2. 某种数制每位上所使用的数码个数称为该数制的（　）。

A. 基数　　B. 位权　　C. 数值　　D.指数

3. 下列四组选项中均不是C语言关键字的选项是（　）。

A. define　IF　type　　B. gect　char　printf

C. include　scanf　case　　D. while　go　pow

4. 在以下各组标识符中，均可以用作变量名的一组是（　）。

A. a01，Int　　B. table_1，a*1

C. 0_a，W12　　D. for，point

5. 以下选项中不合法的用户标识符是（　）。

A. abc.c　　B. file　　C. Main　　D. PRINT

6. 下面4个选项中，均是正确的八进制数或十六进制数的选项是（　）。

A. −10　0X8f　−011　　B. 0abc　−017　0xc

C. 0010　−0x11　0xf1　　D. 0a12　−0x123　−0xa

7. −12的8位定长补码形式是______。

8. 65的32位定长补码形式是______。

9. 78.625的二进制形式是______。

10. −169.375的机器数形式是______。

第4章

数据类型

C 语言程序设计中的数据类型决定了数据在内存中的存储格式、存储长度、取值范围、操作类型等，与数学中的数据类型相比，数学中的数据类型侧重于数据的大小，C 语言中的数据类型侧重于数据的格式。了解 C 语言程序设计中数据类型格式的内在含义，有助于解决实际问题中数据类型的选择问题，是学好 C 语言的基础。

本章学习目标与要求：

① 理解 C 语言数据类型的含义，会根据数据范围选择数据类型；

② 会定义、使用整型变量，了解整型数据在内存的存储形式；

③ 会定义、使用实型变量，了解实型数据在内存的存储形式；

④ 会定义、使用字符型变量，了解字符型数据在内存的存储形式；

⑤ 会使用格式字符匹配数据类型完成输入和输出。

4.1 C 语言数据类型

数据类型是若干数值的集合以及定义在该集合上的一组操作。数据类型决定了集合的大小、取值范围和所能进行的操作。在存储数据时，编译系统根据数据的类型分配不同大小的存储空间，即不同类型的数据分配不同长度的存储单元，采用不同的存储形式。例如：在 Visual C++6.0 和 Code::Blocks 中，基本整型（int）分配 4 字节存储空间；字符型（char）分配 1 字节存储空间。图 4-1 是 C 语言中定义的主要数据类型。

① 基本类型：包含整型、实型（又称浮点型）和字符型三种。

② 构造类型：包含数组类型、结构体类型、共用体类型（即联合体类型）和枚举类型四种。

③ 指针类型：指针类型是一种特殊又具有重要作用的数据类型。其值用来表示某个变量在内存中的地址。

④ 空类型：空类型 void 用来声明函数的返回值类型为空（即不需要函数的返回值）或无类型指针。

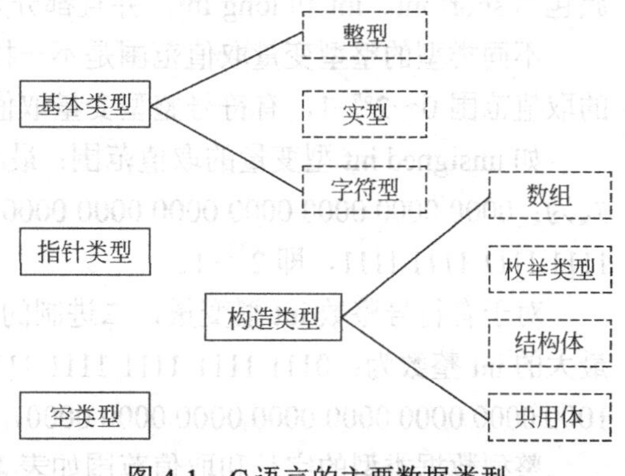

图 4-1 C 语言的主要数据类型

C 语言中的数据有常量和变量之分，它们都具有上述这些类型。常量是指在程序运行过程中不能发生改变的量。而变量是指在程序运行过程中值可以发生变化的量。下面分别讲述常量和变量的类型。

4.2 整型数据

整型数据即整数。整型数据又可以分为整型常量和整型变量。整型常量指在程序运行过程中其值不能改变；整型变量是程序运行过程中其值可以改变。

4.2.1 整型常量

整型常量按照不同的进制表示形式可分为十进制常量、八进制常量和十六进制常量。

（1）十进制整型常量

用十进制数表示的整型数值，如46、-23、0等形式，是十进制的整型常量。

（2）八进制整型常量

用八进制数表示整型数值，为了和十进制整数值区分，需要在八进制整型数值前加上数字0，如046和-023表示的是八进制的常数46和-23，即十进制数38和-19。

（3）十六进制整型常量

用十六进制表示整数值，同样为了和十进制、八进制数区分，需要在十六进制数值前加上数字0和小写字母x，如0x46和-0x23表示的是十六进制的常数46和-23，即十进制数70和-35。

不管用哪种进制表示整型常量，同一个数存储到计算机中的形式是唯一的，如46、056、0x2E在计算机中的表示形式是相同的。

（4）整型常量的定义形式

在C语言中定义整型常量使用如下定义形式：

“int const a=30;”或者“const int a=30;”

4.2.2 整型变量

变量的字长，也就是变量在内存中所占用的空间大小，取决于C编译器。int在Visual C++编译器是Win32环境的，在Visual C++中int就是32位，int型数据的字长就是4B。整型家族包括short int、int和long int，并且都分为signed和unsigned型。

不同类型的整型变量取值范围是不一样的。字长为n个字节（$8n$位）的无符号整型变量的取值范围$0 \sim 2^{8n}-1$，有符号整型变量取值范围为$-2^{8n-1} \sim 2^{8n-1}-1$。

如unsigned int型变量的取值范围：最小的无符号整数为0，用字长为4×8位的二进制形式为：0000 0000 0000 0000 0000 0000 0000 0000，最大的无符号整数为：1111 1111 1111 1111 1111 1111 1111 1111，即$2^{32}-1$。

对于有符号整数int型变量，二进制的最高位要表示符号位，正数为0，负数为1，所以最大的int整数为：0111 1111 1111 1111 1111 1111 1111 1111，即$2^{31}-1$；最小的int整数为：1000 0000 0000 0000 0000 0000 0000 0000，即-2^{31}。

整型数据类型的字长和取值范围如表4-1所示。

表 4-1　整型数据类型的字长和取值范围

类型	字节数	取值范围
int	4	−214783648～214783647（-2^{31}～$2^{31}-1$）
unsigned int	4	0～4294967295（0～$2^{32}-1$）
short [int]	2	−32768～32767（-2^{15}～$2^{15}-1$）
unsigned short [int]	2	0～65536（0～$2^{16}-1$）
long [int]	4	−214783648～214783647（-2^{31}～$2^{31}-1$）
unsigned long [int]	4	0～4294967295（0～$2^{32}-1$）

4.2.3　整型变量的定义与使用

C 语言中所有要用的变量都要“先定义再使用”，整型变量的定义是要在内存中分配一个存储整型变量值的存储空间。

第一种方法，一次只声明一个变量。定义方法如下：

类型名　变量名;

例如　　int a;　　　/* 定义 a 为 int 型整型变量 */

第二种方法，同时声明多个变量，变量之间用“，”分隔。定义方法如下：

类型名 变量名 1，变量名 2，……，变量名 *n*;

例如　　int a，b;　　　/* 定义 a，b 为 int 型整型变量 */

变量定义后，可以直接赋值或通过输入函数从键盘为相应变量注入常数值。

例如，通过上述方式声明整型变量 a，b 后执行下列语句：

a=12;

scanf（"%d"，&b);

若从键盘输入 b 的值为−12，则变量 a，b 赋值前后内存的变化如图 4-2 所示。

变量存储空间所存数据有一个特点“取之不尽，一充即无”，即输入的数据可以多次使用，一旦重新赋值，以前的值将不复存在。

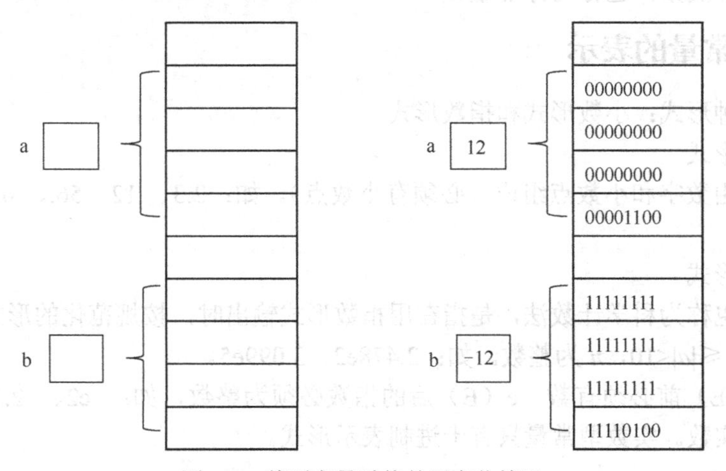

图 4-2　整型变量赋值前后变化情况

【例 4.1】整型变量定义与使用。

以下程序完成整型变量的赋值并以不同的格式输出两个变量的值。

```
#include <stdio.h>
int main ()
{
   int a, b;
   a=12;
   scanf ("%d", &b) ;
   printf ("a=%d, b=%d\n", a, b) ;
   printf ("a=%6d, b=%6d\n", a, b) ;
   printf ("a=%1d, b=%1d\n", a, b) ;
   printf ("a=%-6d, b=%-6d\n", a, b) ;
   printf ("a=%-1d, b=%-1d\n", a, b) ;
   printf ("a=%d, b=%u\n", a, b) ;
   return 0;
}
```

程序运行结果:

```
-12
a=12, b=-12
a=    12, b=   -12
a=12, b=-12
a=12    , b=-12
a=12, b=-12
a=12, b=4294967284
```

4.3 实型数据

实型数据即实数，也称为浮点数。

4.3.1 实型常量的表示

实数有两种形式：小数形式和指数形式。

(1) 小数形式

小数形式由数字和小数点组成（必须有小数点）。如：2.3、.12、56.、.0、0.等都是合法的小数形式。

(2) 指数形式

指数形式也称为科学计数法，是指在用指数形式输出时，按规范化的形式输出。即 *aen* 或 *a*E*n*。其中 $1\leqslant|a|<10$，n 为整数。如：2.478e2、3.099e5。

注意：e（E）前必须有数，e（E）后的指数必须为整数，如： e2、 2.1e3.5 、.e3 、e 等都是非法的实数。实数型常量只有十进制表示形式。

4.3.2 实型变量

C 语言中的实型变量分为单精度 float 和双精度 double 两种类型。实型数据的字长和取值范围如表 4-2 所示。

表 4-2　实型数据的字长和取值范围

类型	字节数	有效数字	取值范围
float	4	6～7	-3.4×10^{-38}～3.4×10^{38}
double	8	15～16	-1.7×10^{-308}～1.7×10^{308}

浮点数的存储规范是由 IEEE 确定，float 型的实数占 32 位，分为三部分：

① 符号位：1 位；

② 指数部分：8 位，存储格式为移码存储，偏移量为 127；

③ 尾数部分：23 位。

例如：4.25 转换成二进制即 100.01，规范化科学计数法为 1.0001×2^2

存储到计算机内存的形式为：

0100 0000 1000 1000 0000 0000 0000 0000

实型变量的定义如下：

```
float x，y;              /* 定义 x、y 为单精度实数 */
double b;                /* 定义 b 为双精度实数 */
```

4.3.3 实型数据的舍入误差

实型量用有限存储单元存储，提供的有效数字总是有限的，在有效位以外的数字将被舍去，由此会产生一些误差。

【例 4.2】实型数据的误差。

```
#include <stdio.h>
int main ()
{
  float a, b;
  a=123456.789e5f;
  b=a+20;
  printf ("a=%f\n", a) ;
  printf ("b=%f\n", b) ;
  return 0;
}
```

程序运行结果如下：

```
a=12345678848.000000
b=12345678848.000000
```

说明：

① 系统默认实型常量为 double 型，如需声明 float 型，可在常数后加 f 或 F。

② 实型变量只能保证 7 位有效数字，后面的数字都无意义，应尽量避免将一个很大的数与一个很小的数相加减运算，以防止丢失。

4.4 字符型数据

4.4.1 字符常量

字符常量分为普通字符常量和转义字符常量。

（1）普通字符常量

普通字符常量是用一对单撇号括起来的单个字符。如'a'、'+'、'2'、'?'等都是普通字符常量。注意单撇号是定界符，不是字符常量的一部分。

（2）转义字符常量

转义字符常量是C语言中普通字符常量的一种特殊的表现形式，通常用来表示键盘上的控制代码和某些用于功能定义的特殊符号，如回车换行符、换页符等。其形式为反斜杠“\”后面跟一个字符或一个数值。常见转义字符如表4-3所示。

表4-3　常见转义字符

字符形式	含　义	ASCII码
\n	换行，将当前光标位置移到下一行开头	10
\t	水平制表（跳到下一个制表位置）	9
\b	退格，将当前位置移到前一列	8
\r	回车，将当前光标位置移到本行开头	13
\f	换页，将当前光标位置移到下页开头	12
\\	反斜杠字符\	92
\'	单撇号字符'	39
\"	双撇号字符"	34
\ddd	1～3位八进制表示的字符	
\xhh	1～2位十六进制表示的字符	

4.4.2 字符变量

字符变量使用关键字char定义，占一个字节的存储空间。字符变量的定义如下：

```
char c;     /* 定义c为字符型变量 */
char c1, c2;     /* 定义 c1, c2 为字符型变量 */
```

在C语言中，字符型变量在内存中存储的是字符型常量的ASCII码值（0～127），字符型数据与0～127范围的整数类型通用。

例如，c1='a'；字符变量c1的数值为十进制数97。

【例4.3】字符型变量应用。

```
#include <stdio.h>
int main ()
{
  char c1, c2;
  c1='a';
  c2='b';
  printf ("%d, %d\n", c1, c2) ;   /* 输出 c1, c2 变量中的 ASCII 码值 */
  printf ("%c, %c\n", c1, c2) ;   /* 输出 c1, c2 变量中的字符 */
  return 0;
}
```

程序运行结果如下：

```
97，98
a，b
```

4.5　字符串常量

字符串常量是用一对双撇号括起来的字符序列。如："hello world"、"*****\n"、"2"、"a=%d"。C 语言中没有字符串变量，字符串常量只能存储到字符数组中，以'\0'结尾。

字符串中字符的个数称为字符串长度。长度为 0 的字符串（即一个字符都没有的字符串）称为空串，表示为" "，中间没有空格，仅有一对紧连的双撇号。

例如，"How do you do. "、"Good morning. "都是字符串常量，其长度分别为 14 和 13，空格和标点符号也分别是一个字符。

例如，有一个字符串为"CHINA"，则它在内存中实际存储如图 4-3 所示。

最后一个字符'\0'是系统自动加上的，是 ASCII 值为 0 的字符 NULL，在内存中占用 6 个字节而非 5 个字节的内存空间。

注意：字符串"a"和字符'a'的区别，字符串"a"是长度为 1 的字符串常量，字符'a'是字符常量，在内存中的存储形式如图 4-4 所示。

字符形式	C	H	I	N	A	\0
ASCII 码形式	67	72	73	78	65	0

图 4-3　字符串在内存中的实际存储

字符串常量 "a"	a	\0
字符常量 'a'	a	

图 4-4　字符串与字符存储的区别

4.6　格式输入与输出

4.6.1　格式输出函数 printf

格式输出函数 printf，用于向标准输出设备按规定格式输出信息。函数定义在头文件“stdio.h”中。格式控制由要输出的文字和数据格式说明组成。要输出的文字除了可以使用字母、数字、空格和一些数字符号以外，还可以使用一些转义字符表示特殊的含义。printf（）函数的调用格式为:

printf（"格式控制字符串"，输出列表）

其中格式控制字符串中格式字符的取值如表 4-4 所示。

表 4-4　格式控制字符串取值说明

格式字符	说　　明
d，i	以带符号的十进制形式输出整数（正数不输出符号）
0	以八进制无符号形式输出整数（不输出前导符 0）
X，x	以十六进制无符号形式输出整数（不输出前导符 0x），用 x 则输出十六进制的 a～f，用 X 则输出十六进制的 A～F
u	以无符号十进制形式输出整数

续表

格式字符	说　　明
c	以字符形式输出，只输出一个字符
s	输出字符串
E，e	以指数形式输出实数，用e时指数用e表示，用E时指数用E表示
f	以小数形式输出单、双精度数，隐含输出6位小数
G，g	选用%f和%e格式中宽度较短的格式，不输出无意义的0。用G时，若以指数形式输出，则指数用大写表示

【例4.4】printf函数应用1。

```
#include <stdio.h>
int main ()
{
  int a=12, b=-12;
  float f=65.f;
  double d=65.78;
  char c1='a';
  printf ("a=%d, b=%i\n", a, b) ;
  printf ("a=%u, b=%u\n", a, b) ;
  printf ("a=%o, b=%x\n", a, b) ;
  printf ("f=%f, d=%f\n", f, d) ;
  printf ("f=%e, d=%e\n", f, d) ;
  printf ("f=%g, d=%G\n", f, d) ;
  printf ("c1=%c\n", c1) ;
  return 0;
}
```

运行结果如下：

```
a=12, b=-12
a=12, b=4294967284
a=14, b=fffffff4
f=65.000000, d=65.780000
f=6.500000e+001, d=6.578000e+001
f=65, d=65.78
c1=a
```

在%和格式符之间还可插入下列修饰符，如表4-5所示。

表4-5　printf修饰符说明

字符	说　　明
字母l	用于长整型整数，可加在格式符d、o、x、u前
M（代表一个正整数）	数据最小宽度
n（代表一个正整数）	对实数，表示输出*n*位小数；对字符串，表示截取的字符个数
-	输出的数字或字符在域内向左靠

【例 4.5】printf 函数应用 2。

```
#include <stdio.h>
int main ()
{
  int a=12, b=-12;
  float f=65.0f;
  double d=65.78;
  printf ("a=%6d, b=%8i\n", a, b);
   //%6d 数字前为正号表示右对齐，总共占 6 个字符
  printf ("a=%lo, b=%lx\n", a, b);
   //%lo 表示以八进制输出，%lx 表示以十六进制输出
  printf ("f=%9.5f, d=%9.4f\n", f, d);
   //%9.5f 表示保留 5 位小数，总共占 9 个字符，小数点占 1 位
  printf ("f=%6.5f, d=%6.4f\n", f, d);
   //%6.5f 表示保留 5 位小数，如果数值实际长度大于 6 位，则全部输出
  printf ("f=%-9.5f, d=%-9.4f\n", f, d);
   //%-9.5f 表示保留 5 位小数，共占 9 个字符，小数点占 1 位，左对齐
  printf ("%s\n", "hello world");
  printf ("%6.3s\n", "hello world");
   //%6.3s 表示总共输出 3 个字符，右对齐
  printf ("%-6.3s\n", "hello world");
   //%-6.3s 表示总共输出 3 个字符，左对齐
  return 0;
}
```

运行结果如下：

```
a=    12, b=     -12
a=14, b=fffffff4
f= 65.00000, d=  65.7800
f=65.00000, d=65.7800
f=65.00000 , d=65.7800
hello world
   hel
hel
```

4.6.2 格式输入函数 scanf

格式输入函数 scanf，即按用户指定的格式通过键盘把数据输入到指定的变量中。scanf () 函数的调用格式为:

scanf（格式说明字符串，地址列表）;

函数的第一个参数是格式字符串，它指定了输入的格式，按照格式说明符解析输入对应位置的信息并存储于地址列表中的位置。每一个地址要求非空，并且与字符串中的格式符一一顺次对应。

scanf 函数使用注意：

① 格式说明字符串由普通字符、转义字符、“%”和格式字符组成。

② 地址列表由变量的地址组成，用“，”分隔，“&”运算符进行取地址运算。

③ 格式字符串中的格式符必须与地址列表中的地址个数相同。

④ 在不指定分隔符时系统默认以回车、空格和Tab分隔。例如：

scanf（"%d%d"，&a，&b）；

输入时连续输入的两个整数以空格、回车或Tab分隔。

⑤ 指定分隔符时需要用分隔符分隔输入的数值，例如：scanf（"%d，%d"，&a，&b）；以“，”分隔，若输入4和5，则键盘输入格式为：4，5

scanf（"a=%d，b=%d"，&a，&b）

该语句则需要从键盘输入：

a=4，b=5

【例4.6】 scanf函数应用实例。

```
#include<stdio.h>
int main ()
{
  int a, b;
  scanf ("%d%d", &a, &b) ;
  printf ("a=%d, b=%d\n", a, b) ;
  scanf ("%d, %d", &a, &b) ;
  printf ("a=%d, b=%d\n", a, b) ;
  fflush (stdin) ;
  scanf ("a=%d, b=%d", &a, &b) ;
  printf ("a=%d, b=%d\n", a, b) ;
  return 0;
}
```

运行结果如下：

```
3 4
a=3, b=4
3,4
a=3, b=4
a=3, b=4
a=3, b=4
```

系统函数fflush（stdin）用来刷新标准输入缓冲区，即把键盘缓冲区的残余信息丢弃。

4.7 本章小结

本章讲述了C语言数据类型的概念、基本类型数据的定义和使用、基本类型数据的输入与输出方法。C语言基本类型数据包括整型、实型、字符型。由于C语言没有提供专门的输入输出语句，故所有的输入、输出均通过调用标准库函数来实现。

课后习题

1. 下面四个选项中均是合法整型常量的选项是（ ）。

A. 160 0xffff 011　　B. −0xcdf 01a 0xe

C. −01 986012 0668　　D. −0x48a 2e5 0x02B2

2. 下面四个选项中，均是不合法浮点数的是（ ）。

A. 160 0.12 e3　　B. 123 2e4.2 .e5

C. −018 123e4 0.0　　D. −e3 .234 1e3

3. 以下每个选项都代表一个常量，其中不正确的实型常量是（ ）。

A. 2.607E−1　B. 0.8103e2　C. −77.77　D. 4.6e−2

4. 已定义 x 为 float 型变量 x=213.82631;printf（"%−4.2f\n"，x）;则以上语句（ ）。

A. 输出格式描述符的域宽不够，不能输出　　B. 输出为 213.83

C. 输出为 213.82　　D. 输出为−213.82

5. 下面四个选项中均是不合法的转义字符的选项是（ ）。

A. '\"' '\\' 'xf'　　B. '\1011' '\' '\A'

C. '\011' '\f' '\}'　　D. '\abc' '\101' 'x1f'

6. 若有语句："char c='\72';" ,则变量 c （ ）。

A. 包含 1 个字符　　B. 包含 2 个字符

C. 包含 3 个字符　　D. 说明不合法，c 的值不确定

7. 下面不正确的字符串常量是（ ）。

A. 'abc'　B. "12'12"　C. "0"　D. " "

8. 若 scanf 函数语句中没有指定分隔字符，则不可用（ ）作为输入数据的间隔。

A. 空格　B. 逗号　C. TAB　D. 回车

9. 在输入时，字符变量的值必须使用空格间隔，其输入函数可为（ ）。

A. scanf（"%c %c %c"，&a，&b，&c）;　　B. scanf（"%c%c%c"，&a，&b，&c）;

C. scanf（"<"，&a，&b，&c）;　　D. 循环执行 getchar（）

10. 设变量 a 是整型，f 是实型，i 是双精度型，则表达式 10+'a'+i*f 值的数据类型为（ ）。

11. scanf 函数的地址表列中给出各变量的地址，地址由（ ）后跟变量名组成。

12. C 语言使字符型数据和整型数据在一定范围内之间可以通用。一个字符数据既可以以字符形式输出，也可以以整数形式输出。（）

13. 使用 printf 函数时，格式控制字符和各输出项应一一对应。（）

14. 有以下定义：char c='\010';则变量 C 中包含的字符个数为（）。

15. 按格式读入一个 3 位的整数、一个实数、一个字符。并按格式输出一个整数占 8 位左对齐、一个实数占 8 位右对齐、一个字符，并用|隔开。

输入样例：

123456.789a

输出样例：

123 | 456.8|a

第5章

运算符、表达式及语句

C 语言运算符是说明特定操作的符号，主要用于构成 C 语言表达式。C 语言的运算异常丰富，除了控制语句和输入输出以外的几乎所有的基本操作都通过运算符实现。

C 语言中，大部分运算符的运算基本符合代数运算规则，但也有一些不同之处。只带一个操作数的运算符称为单目运算符，如++、− −运算符；需要两个操作数的运算符称为双目运算符，如+、−运算符；有的操作需要三个操作数，称为三目运算符，如?:运算符。

按照运算完成的功能可将 C 语言中的运算符分为以下几类：

（1）算术运算符：+　−　*　/　%　++　—

（2）关系运算符：<　<=　==　>　>=　!=

（3）逻辑运算符：!　&&　‖

（4）位运算符：<<　>>　~　|　^　&

（5）赋值运算符：= 及其扩展

（6）条件运算符：? :

（7）逗号运算符：,

（8）指针运算符：*　&

（9）求字节数：sizeof（ ）

（10）强制类型转换：类型（变量名）

（11）分量运算符：.　->

（12）下标运算符：[]

（13）其他运算符：（ ）

本章学习目标与要求：

① 理解算术运算符、关系运算符、逻辑运算符、赋值运算符、位运算符、逗号运算符以及 sizeof（）的运算规则；

② 理解运算符的优先级和结合性的概念，记住所学的各种运算符的优先级关系和结合性；

③ 掌握这些运算符的运算规则、结合性、优先级，正确书写表达式，为进一步提高逻辑处理能力奠定坚实的基础。

5.1　算术运算符及算术表达式

5.1.1　算术运算符

算术运算符是完成基本的算术运算功能的符号，算术运算符有七种：+、−、*、/、%、

++、—。这几种运算符的运算规则和代数运算基本相同，其中++、—是单目运算符，完成自加和自减功能。

同代数运算一样，若几种运算符一起运算，就要考虑运算符的优先级与结合性。算术运算符的优先级符合以下规则：

++（后缀）、—（后缀）> ++（前缀）、- -（前缀）、-（负）>*、/、% >+、-

算术运算符说明：

① 乘法运算*：乘号不能忽略。

② 除法运算/：C语言规定，两个整数相除，其商为整数，小数部分被舍弃，例如，5/2 = 2。若两个运算对象中至少有一个是实型，则运算结果为实型，例如 5.0/2 = 2.5。

③ 整除运算%：要求运算符两侧的操作数均为整型数据，否则出错。结果是整除后的余数。

④ 算术运算符的结合性：如果一个运算对象（或称操作数）两侧的运算符的优先级相同，则按 C 语言规定的结合方向（结合性）执行。运算符++（后缀）、—（后缀）、++（前缀）、—（前缀）、-（负）结合方向是“从右至左”；运算符+、-、*、%的结合方向是“从左至右”。

分析如下算术运算的结果：

① 5/2，5/−2，−5/2，−5/−2，5/2.0

② 5%2，5%−2，−5%2，−5%−2，5.5%2

5.1.2 算术表达式

算术表达式是用算术运算符将运算对象（如常量、变量和函数）连接起来、符合C语言语法规则的式子。例如 5+7*8、(x+y)/2−1 等都是算术表达式。

表达式求值遵循以下规则：

① 按运算符的优先级高低次序执行。例如，先乘除后加减。如对于表达式 a−b*c，b 的左侧为减号，右侧为乘号，而乘号优先于减号，因此，相当于 a−(b*c)。

② 如果一个操作数两侧的运算符的优先级相同，则按C语言规定的结合性执行。

5.1.3 负号运算符

“−”既可以是一个算术运算符减号，又可以是一个负号运算符。负号运算符是单目运算符。a = 2，那么−a 的值就是−2。负号运算符的优先级比较高。

5.1.4 自增、自减运算符

自增、自减运算符的作用是使变量如整型、字符型、枚举型、指针型等的值加 1 或减 1。自增和自减运算符有前置和后置两种用法。

① 前置运算。运算符在变量之前，如++i，- -i，先执行 i=i+1 或 i=i−1，再使用 i 值。称为“先加减 1 后使用”。

② 后置运算。运算符在变量之后，如 i++，i- -，先使用 i 值，再执行 i=i+1 或 i=i−1。称为“先使用后加减 1”。

【例 5.1】自增自减运算符应用场景。

```
j = 3;  k = ++j;   //执行后，k 的值为 4，j 的值为 4
j = 3;  k = j++;   //执行后，k 的值为 3，j 的值为 4
```

```
j = 3;  printf ("%d", ++j);       //输出结果为4
j = 3;  printf ("%d", j++);       //输出结果为3
a = 3; b = 5; c = (++a) * b;      //执行后，a、b、c的值分别为4、5、20
a = 3; b = 5; c = (a++) * b;      //执行后，a、b、c的值分别为4、5、15
```

【例5.2】算术运算符应用实例1。

```
#include<stdio.h>
int main ()
{
  int a, b, c;
  float m, n;
  a=3;
  b=5;
  c= (++a) *b;
  printf ("c=%d\n", c);
  a=3;
  b=5;
  c= (a++) *b;
  printf ("c=%d\n", c);
  m=20.f;
  n=m/3;
  printf ("m=%f, n=%f\n", m, n);
  return 0;
}
```

程序运行结果如下：

```
c=20
c=15
m=20.000000, n=6.666667
```

【例5.3】 算术运算符应用实例2。

```
#include<stdio.h>
int main ()
{
  int p, i=2, j=3;
  p = -i++;          //后置++的优先级高于-，但先使用后+1
  printf ("p=%d, i=%d\n", p, i);
  i = 2,  j = 3;
  p = i+++j;         //等价于 (i++) +j
  printf ("p=%d,  i=%d,  j=%d\n", p, i, j);
  i = 2,  j = 3;
  p = i+--j;         //等价于 i+ (--j)
  printf ("p=%d,  i=%d,  j=%d\n", p, i, j);
  i = 2,  j = 3;
  p = i+++--j;       //等价于 p= (i++) + (--j)
```

```
    printf ("p=%d,  i=%d,  j=%d\n", p, i, j);
    i = 2,  j = 3;
    p = i+++i++;       //等价于 p= (i++) + (i++)
    printf ("p=%d,  i=%d\n\n", p, i);
    i = 2,  j = 3;
    p =++i+ (++i);      //等价于 p= (++i) + (++i)
    printf ("p=%d,   i=%d\n", p, i, j);
    return 0;
}
```

在 VC++6.0 中运行结果如下：

```
p=-2, i=3
p=5,  i=3,  j=3
p=4,  i=2,  j=2
p=4,  i=3,  j=2
p=4,  i=4
p=8,   i=4
```

5.1.5　算术运算中数据类型转换规则

一个表达式中出现多种数据类型数据进行算术运算时，需要先将不同数据类型数据转换成同一类型数据再进行运算。这种转换可以由编译程序自动完成，转换规则如图 5-1 所示。

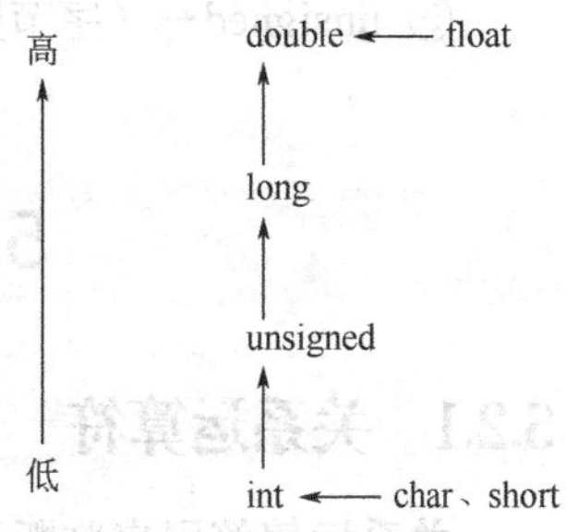

图 5-1　数据类型转换规则

数据类型转换规则说明：

① 必定转换：表达式中若有 short、char 类型，在运算前先转换成 int 型，unsigned short 类型先转换成 unsigned int 型，float 类型先转换成 double 型。

② 由低到高：若运算符两端操作类型不一致，在运算前应先将类型等级较低的数据类型转换成等级较高的，如图 5-1 中箭头所示。

例如：int　i;
　　　float f;
　　　double d;
　　　long l;

表达式 10+'a'+i*f−d/l 进行运算时，运算过程为：

① 'a'转换为 int 型，表达式 i*f 计算时，int 型变量 i 转换为 double，float 变量 f 转换为 double 再运算，计算结果为 double；

② 表达式 d/l，先将 long 型的变量 l 转换为 double，计算结果为 double；

③ 最后计算结果为 double。

【例 5.4】 数据类型转换应用实例。

```
#include <stdio.h>
int main ( )
{
  float a, b, c;
```

```
    a=7/2;        //计算7/2得int型值3，因此a的值为3.0
    b=7/2*1.0;    //计算7/2得int型值3，再与1.0相乘，得到3.0
    c=1.0*7/2;    //1.0*7得double型的结果7.0，后计算7.0/2
    printf ("a=%f, b=%f, c=%f", a, b, c);
    return 0;
}
```

该程序运行结果为：

```
a=3.000000, b=3.000000, c=3.500000
```

5.1.6 赋值运算中数据类型转换规则

在赋值运算中，赋值号两边的数据类型不同时，右边表达式的类型将转换为左边变量的类型。右边表达式的数据类型长度比左边长时，将丢失一部分数据，这样会降低精度。转换不会改变变量定义时所规定的数据类型。

赋值运算时的转换规则如下：

① 整型←实型：截掉小数部分。

② 实型←整型：数值不变，存为浮点。

③ 整型←char：整型低8位←char。

④ 整型←（字节数相同的）unsigned 整型：原样送入。若超过整型表示范围会出错。

⑤ unsigned←（字节数相同的）非unsigned整型：原样送入，符号位也作为数值。

5.2 关系运算符及关系表达式

5.2.1 关系运算符

关系运算符用来判断两个数据之间的关系。共有6种关系运算符：<、<=、>、>=、==、!=。需要注意的是表示等于关系的关系运算符是双等号“==”，不是单等号“=”。关系运算符及其含义如表5-1所示。

表5-1 关系运算符及其含义

关系运算符	名称	含 义
<	小于	判断左边是否小于右边，如果小于，其值为真，反之为假
<=	小于等于	判断左边是否小于等于右边，如果是，其值为真，反之为假
>	大于	判断左边是否大于右边，如果大于，其值为真，反之为假
>=	大于等于	判断左边是否大于等于右边，如果是，其值为真，反之为假
==	等于	判断左右两边是否相等，如果相等，其值为真，反之为假
!=	不等于	判断左右两边是否不等，如果不等，其值为真，反之为假

关系运算符的优先级规则如下：

① 前四种关系运算符的优先级别相同，后两种也相同。前四种高于后两种。

② 关系运算符的优先级低于算术运算符。

③ 关系运算符的优先级高于赋值运算符。

例如：　c>a+b　　　//等效于 c>（a+b）

　　　　a>b==c　　　//等效于（a>b）==c

　　　　a==b<c　　　//等效于 a==（b<c）

　　　　a=b>c　　　//等效于 a=（b>c）

5.2.2　关系表达式

用关系运算符将两个表达式连接起来的式子，称为**关系表达式**。关系表达式的值用“真”或“假”表示。例如：a+b>c−d，x>3/2，'a'+1<c 都是合法的关系表达式。

C 语言没有逻辑型变量和逻辑型常量，也没有专门的逻辑值，在关系表达式求解时，以“非 0”为“真”，“0”为假。当关系表达式成立时，值为真，用“1”表示，否则值为假，用“0”表示。

例如：a=3，　b=2，　c=1

　　　a>b　　　　　//为真，表达式的值是 1

　　　（a>b）!=c　　//为假，表达式的值是 0

　　　d=a>b　　　　//d 的值是 1

　　　f=a>b>c　　　//f 的值是 0

5.3　逻辑运算符及逻辑表达式

5.3.1　逻辑运算符和逻辑表达式

C 语言中逻辑运算符有三种：逻辑非运算符!、逻辑或运算符 || 和逻辑与运算符 &&。其运算规则如表 5-2 所示。

表 5-2　逻辑运算符运算规则

<table>
<tr><th>a</th><th>b</th><th>!a</th><th>!b</th><th>a&&b</th><th>a||b</th></tr>
<tr><td>真（1）</td><td>真（1）</td><td>假（0）</td><td>假（0）</td><td>真（1）</td><td>真（1）</td></tr>
<tr><td>真（1）</td><td>假（0）</td><td>假（0）</td><td>真（1）</td><td>假（0）</td><td>真（1）</td></tr>
<tr><td>假（0）</td><td>真（1）</td><td>真（1）</td><td>假（0）</td><td>假（0）</td><td>真（1）</td></tr>
<tr><td>假（0）</td><td>假（0）</td><td>真（1）</td><td>真（1）</td><td>假（0）</td><td>假（0）</td></tr>
</table>

关系表达式只能描述单一条件，例如“x >= 0”。如果需要描述“x >= 0”且“x < 10”，需要借助于逻辑表达式。用逻辑运算符将关系表达式或逻辑量连接起来有意义的式子称为**逻辑表达式**。逻辑表达式的值用真、假表示。C 语言编译系统在给出逻辑运算结果时，以数字 1 表示“真”，以数字 0 表示“假”，但在判断一个表达式时，表达式的值“非 0”则真，表达式的值为“0”则假。

例如：若 a=4，　　　　　则!a 的值为 0。

　　　若 a=4，b=5，　　则 a&&b 的值为 1。

　　　若 a=4，b=5，　　则 a||b 的值为 1。

若 a=4，b=5，　　　　则　!a||b 的值为 1。

4&&0||2　　　　　　　值为 1。

逻辑运算符说明：

① 在三个逻辑运算符中，逻辑非的优先级最高，逻辑与次之，逻辑或最低，即由高到低的次序为!（逻辑非）→&&（逻辑与）→||（逻辑或）。

② 与其他种类运算符的优先关系如下：!（逻辑非）→算术运算→关系运算→&&（逻辑与）→||（逻辑或）→赋值运算。

5.3.2 逻辑与、逻辑或的“短路”功能

逻辑与运算符&&和逻辑或运算符 || 都是从左到右结合的，在计算包含“&&”或“||”的表达式时，当运算符左侧的数值或者式子已经能确定整个运算的结果时，求解就会立即停止，这称为逻辑与、逻辑或的“短路”功能。

① 对于逻辑与运算，如果第一个操作数被判定为“假”，由于第二个操作数不论是“真”还是“假”，都不会对其结果产生影响，因此系统不再判定或求解第二个操作数。

【例 5.5】逻辑与的“短路”问题。

```
#include <stdio.h>
int main ()
{
  int x, y, z;
  x=y=z=0;  //第 5 行
  ++x&&++y||++z;  //第 6 行
  printf ("x=%d, y=%d, z=%d\n", x, y, z) ;
  return 0;
}
```

该程序的运行结果为：

```
x=1, y=1, z=0
```

思考：如果把第 5、6 行分别改为 x=y=z=1；—x&&++y||++z;，该程序的输出结果是什么？为什么？逻辑与的短路问题是如何体现的？

② 对于逻辑或运算，如果第一个操作数被判定为“真”，同样地，第二个操作数不论是“真”还是“假”，都不会对其结果产生影响，所以系统不再判定或求解第二个操作数。

【例 5.6】逻辑或的“短路”问题。

```
#include <stdio.h>
int main ( )
{
    int a=1,  b=2,  m=0,  n=0,  k;
    k= (n=b>a)  ||  (m=a<b ) ;
    printf ("%d,  %d\n",  k,  m) ;
    return 0;
}
```

程序运行后的输出结果为：

```
1，0
```

分析：对于逻辑表达式（n=b>a） || （m=a<b ），因为“||”运算符左边的表达式（n =b>a）等价于 n=（b>a），b>a 为真，即 n=1，左边表达式的值为真，因此不再判断“||”运算符右边的表达式。

5.4　赋值运算符及表达式

5.4.1　赋值运算符

赋值运算符为“=”，作用是为一个变量赋值，使用格式如下。

变量 = 常量或变量或表达式

将右边常量、变量或表达式的值赋给左边变量，赋值运算符的优先级仅比逗号高。

例如：int x，　y，　z;

　　x = 20;

　　y = x;

　　z = x + y;

5.4.2　赋值表达式

由赋值运算符或复合赋值运算符（如+=、−=、*=或/=等），将一个变量和一个表达式连接起来的表达式，称为赋值表达式。使用格式如下。

变量（复合）赋值运算符　表达式

赋值表达式也有一个值，被赋值变量的值就是赋值表达式的值。

例如：对于“a = 5”这个赋值表达式，变量 a 的值“5”就是表达式的值。

【例 5.7】赋值运算。

```
#include<stdio.h>
int main ()
{
  int a，b，c;
  a=b=c=10;
  printf ("a=%d，b=%d，c=%d\n\n"，a，b，c）;
  a= (b=2) + (c=3) ;
  printf ("a=%d，b=%d，c=%d\n\n"，a，b，c）;
  return 0;
}
```

运行结果如图 5-2 所示。

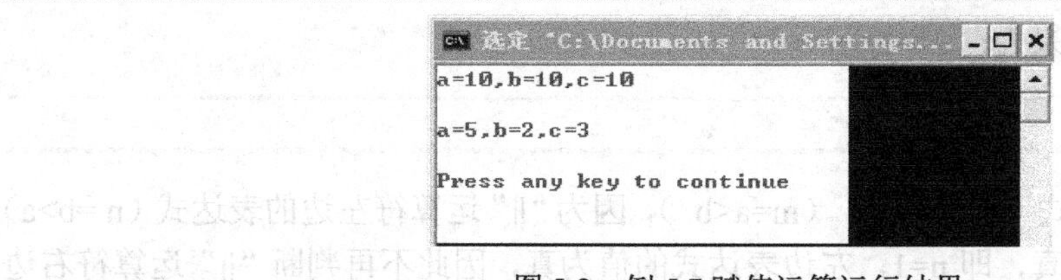

图 5-2　例 5.7 赋值运算运行结果

5.4.3　复合赋值运算符

在赋值符“=”之前加上其他双目运算符可构成复合赋值符，它是 C 语言中特有的一种运算。复合赋值运算符有：+=、−=、*=、/=、%=、>>=、<<=、&=、|=、^=，复合赋值运算符及其含义如表 5-3 所示。其使用格式如下：

变量 <双目运算符>= 表达式

功能是先将复合赋值运算符左端的变量与右端的整个表达式进行复合运算，再将运算的结果赋给左端的变量。

它等价于：

变量 ＝ 变量 双目运算符 （表达式）

例如，复合赋值运算“+=”。

```
int a，b;
a=10;
b=20;
a+=b;
b+=a*b;
```

其中：a+=b;等价于 a=（a+b）;

b+=a*b; 等价于 b=b+（a*b）;

表 5-3　复合赋值运算符及其含义

符号	名称	功能	举例
+=	加法赋值	将左边操作数指定变量值与右边操作数相加后，再赋值给左边变量	a+=10 等价于 a=a+10
−=	减法赋值	将左边操作数指定变量值与右边操作数相减后，再赋值给左边变量	a−=10 等价于 a=a−10
*=	乘法赋值	将左边操作数指定变量值与右边操作数相乘后，再赋值给左边变量	a*=10 等价于 a=a*10
/=	除法赋值	将左边操作数指定变量值与右边操作数相除后，再赋值给左边变量	a/=10 等价于 a=a/10
%=	模运算赋值	将左边操作数指定变量值与右边操作数取余后，再赋值给左边变量	a%=10 等价于 a=a%10
<<=	左移赋值	将左边操作数指定变量按照右边操作数指定位数左移后，再赋值给左边变量	a<<=2，变量 a 左移两位
>>=	右移赋值	将左边操作数指定变量按照右边操作数指定位数右移后，再赋值给左边变量	a>>=2，变量 a 右移两位
&=	位逻辑与赋值	将左边操作数指定变量按照右边操作数值按位相与后，再赋值给左边变量	a&=2，变量 a 与 2 按位相与
|=	位逻辑或赋值	将左边操作数指定变量按照右边操作数值按位或后，再赋值给左边变量	a|=2，变量 a 与 2 按位或
^=	位逻辑异或赋值	将左边操作数指定变量按照右边操作数值按位异或后，再赋值给左边变量	a^=2，变量 a 与 2 按位异或

5.5 位运算符及表达式

位运算，就是对一个比特（bit）位进行操作。C 语言中的位运算符有：按位取反（~）、左移（<<）、右移（>>）、按位与（&）、按位或（|）、按位异或（^）六种。位运算符及应用如表 5-4 所示。

表 5-4 位运算符及应用

运算符	含义	运算规则	应 用
&	按位与	0&0=0，0&1=0，1&0=0，1&1=1	将一个数的某（些）位置 0，其余位保留不变
|	按位或	0|0=0，0|1=1，1|0=1，1|1=1	将一个数的某（些）位置 1，其余位保留不变
^	按位异或	0^0=0，0^1=1，1^0=1，1^1=0	将一个数的某（些）位翻转（原来为 1 的位变为 0，0 位变为 1），其余各位不变
～	按位取反	～0=1，～1=0	用来对一个二进制数按位取反，即将 0 变 1，将 1 变 0

说明：

① 参与运算时，操作数都必须首先转换成二进制数，再执行相应的按位运算。

② 按位取反运算符的优先级别与其他单目运算符相同，运算自右向左进行；双目&运算符的优先级别高于^运算符，^运算符高于|运算符。

③ 位双目运算符的优先级别低于关系运算符，高于逻辑运算符，运算自左向右进行。

例如，定义 int a=5， b=7，位运算结果如下：

```
  a&b=5            a|b=7            a^b=2           ～b=248
     00000101         00000101         00000101
  &  00000111      |  00000111      ^  00000111     ～ 00000111
  -----------      -----------      -----------     -----------
     00000101         00000111         00000010        11111000
```

5.5.1 左移运算

实现将某变量所对应的二进制数往左移位，溢出的最高位被丢掉，空出的低位用零填补。

例如，int a = 3; a<<2;

可以转换为如下的运算：

<< 0000 0000　0000 0000　0000 0000　0000 0011　（3 在内存中的存储）

0000 0000　0000 0000　0000 0000　0000 1100　（12 在内存中的存储）

所以 a<<2 的结果为 12。

如果数据较小，被丢弃的高位不包含 1，那么左移 *n* 位相当于乘以 2 的 *n* 次方。

5.5.2 右移运算

右移运算实现将某变量所对应的二进制数往右移位，溢出的最低位被丢掉，如果变量是无符号数，空出的高位用零填补，如果变量是有符号数，空出的高位用原来的符号位填补（即负数填 1，正数填 0）。

例如，int a = 9;　a>>3;

可以转换为如下的运算：

```
>> 0000 0000   0000 0000   0000 0000   0000 1001   (9在内存中的存储)
---------------------------------------------------------------------
0000 0000   0000 0000   0000 0000   0000 0001   (1在内存中的存储)
```

将9所对应的二进制数右移三位（a的值），该表达式的值为1。

如果被丢弃的低位不包含1，那么右移 *n* 位相当于除以2的 *n* 次方（但被移除的位中经常会包含1）。

5.5.3　位运算之间的优先级

各种位运算之间的优先级自左至右由高到低顺序如下：

~ →　<<、>> →& →^→ |

【例5.8】将short类型数据的高、低位字节互换。

```
#include <stdio.h>
int main ( )
{
  short a=0xf245,b,c;
  b=a<<8 ;      //将a的低8位移到高8位赋值给b，b的值为0x4500
  c=a>>8 ;      //将a的高8位移到低8位赋值给c，c的值为0xfff2
  c=c&0x00ff;    //将c的高8位清0后赋值给c，c的值为0x00f2
  a=b+c;       //将b和c的值相加赋值给a，a的值为0x45f2
  printf ("a=%x", a);
  return 0;
}
```

程序运行结果为：

```
a = 45f2
```

5.6　其他运算符及表达式

5.6.1　逗号运算符及逗号表达式

C语言中用逗号运算符“，”连接起来的表达式称为**逗号表达式**，使用格式如下。

表达式1，表达式2，…，表达式 *n*;

逗号表达式的求解顺序及结果：先求解表达式1，再求解表达式2，…，最后求解表达式 *n*，逗号表达式的最终结果为表达式 *n* 的值。

例如：

```
a=3*5, a*4                    //表达式最终结果为60
x=(a=10, b=100, c=50)         //表达式最终结果为c的值50
y=(i++, j--, k+2)             //表达式最终结果为k+2的值
```

逗号运算的优先级是所有运算符中最低的。

5.6.2 容量运算符

容量运算符用于计算一个变量或某种类型的量在内存中所占的字节数。有以下两种用法：

① sizeof（表达式）

例如：int x=1;

float y=5.0;

printf（"%d"，sizeof（x+y））；

结果为：8

② sizeof（类型名）

例如：printf（"%d"，sizeof（short int））；

结果为： 2

5.6.3 条件运算符

条件运算符和条件表达式的使用格式如下：

表达式 1? 表达式 2: 表达式 3;

可以看出，条件运算符是一个三目运算符，其中的“表达式 1”“表达式 2”“表达式 3”的类型可以各不相同。通常“表达式 1”为逻辑表达式或关系表达式。

条件表达式的运算规则如下：如果“表达式 1”的值为非 0，即逻辑真，则运算结果等于“表达式 2”的值；否则，运算结果等于“表达式 3”的值。

条件运算符使用时可以嵌套使用，例如：x＞0？1：（x＜0？-1：0）。

条件运算符的优先级高于赋值运算符，但低于关系运算符和算术运算符。其结合性为“从右到左”，即右结合性。

例如　　a＞b？a：c＞d？c：d

等价于　　a＞b？a：(c＞d？c：d)

例如　x? 'a': 'b'　　//x=0，表达式值为 b，否则，表达式值为'a'

x>y?1:1.5　　//x>y，值为 1.0;　x<y，值为 1.5

【例 5.9】小写字母转盘。

```
#include <stdio.h>
int main ( ) {
  char ch, ch1, ch2;                          //变量定义
  scanf ("%c", &ch);                          //读取一字符
  ch1=ch=='a'?'z':ch-1;                       //求前驱字符
  ch2=ch=='z'?'a':ch+1;                       //求后继字符
  printf ("ch1=%c, ch2=%c\n", ch1, ch2);      //显示结果
  return 0;
}
```

运行结果如下：

```
d
ch1=c, ch2=e
```

5.7 C语言语句及基本结构

C语言程序的执行部分由语句组成，程序的功能也是由执行语句实现的。C语言的语句可以分为5类。

5.7.1 表达式语句

由表达式加上分号“;”组成。其一般形式为：

表达式;

执行表达式语句就是计算表达式的值。例如：

a = 10;　　　//为赋值语句

a=10　　　　//为赋值表达式

5.7.2 函数调用语句

由函数名、实际参数加上分号“;”组成。其一般形式为：

函数名（实际参数表）;

例如：printf（"C Program"）;

其功能是调用系统函数printf（ ）输出字符串"C Program"。

执行函数语句就是调用函数体并把实际参数赋予函数定义中的形式参数，然后执行被调函数体中的语句，求取函数值（在第9章函数中详细介绍）。

5.7.3 空语句

只由分号“;”组成。其形式为：

;

空语句是什么也不执行的语句。在程序中空语句可用来做空循环体。

例如：

```
while（getchar（ ） != '\n' ）
        ;
```

本语句的功能是：只要从键盘输入的字符不是回车则重新输入。

5.7.4 复合语句

把多个语句用括号{ }括起来组成的一个语句称为**复合语句**。其一般形式为：

{ [数据说明部分;]
执行语句部分;
}

在程序中应把复合语句看成是单条语句，而不是多条语句。

【例5.10】复合语句。

```
#include <stdio.h>
int main ()
{
```

```
    int x=10, y=20, z;
    z=x+y;
    {
      int z;
      z=x*y;
      printf("z=%d\n",z);    //输出复合语句中 z 的值
    }
    printf("z=%d\n",z);     //输出复合语句外 z 的值
    return 0;
}
```

程序输出结果：

```
z=200
z=30
```

5.7.5 控制语句

C 语言用控制语句来实现对程序流程的选择、循环、转向和返回控制。C 语言有九种控制语句，它们由特定的语句定义符组成。可分成以下三类：

① 条件判断语句：if 语句、switch 语句；

② 循环执行语句：do…while 语句、while 语句、for 语句；

③ 转向语句：break 语句、goto 语句、continue 语句、return 语句。

5.7.6 C 语言的基本结构

C 语言程序由三种基本结构组成：顺序结构、选择结构和循环结构。

① 从执行方式上看，从第一条语句到最后一条语句完全按顺序执行，是简单的顺序结构。

② 若在程序执行过程当中，根据用户的输入或中间结果有条件地去执行若干不同的任务则为选择结构。选择结构使用控制语句：if 语句或 switch 语句。

③ 如果在程序的某处，需要根据某项条件重复地执行某项任务若干次直到不满足条件为止，这就构成循环结构。循环结构使用循环控制语句：for、while、do…while。

5.8 本章小结

本章讲述了 C 语言中主要的运算符和表达式的构成。所有的运算符中，只有三类运算符是从右至左结合的，它们是单目运算符、条件运算符、赋值运算符。其他的都是从左至右结合。

课后习题

1. 已知字母 A 的 ASCII 码为十进制数 65，且 c2 为字符型，则执行语句 c2='A'+'6'−'3'后，c2 中的值为（　）。

A. D　　B. 68　　C. 不确定的值　　D. C

2. 若有定义 int k=7，x=12;则能使值为 3 的表达式是（　）。

A. x%=(k%=5)　B. x%=(k−k%5)　C. x%=k−k%5　D. (x%=k) – (k%=5)

3. 若有 int k = 11;则表达式（k++*1/3）的值是（　）。

A. 0　　B. 3　　C. 11　　D. 12

4. 已知 int a=7;float x=2.5，y=4.7;则表达式 x+a%3*(int)(x+y)%2/4 的值是（　）。

A. 2.500000　B. 2.750000　C. 3.500000　D. 0.000000

5. 判断 char 型变量 c1 是否为小写字母的正确表达式为（　）。

A. 'a'<=c1<='z'　　B. (c1>=A. &&(c1<='z')

C. ('a'>=c1)||('z'<=c1)　　D. (c1>='a')&&(c1<='z')

6. 已知各变量的类型说明如下：int k，a，b; unsigned long w=5;double x=1.42；下列表达式中不符合 C 语言语法的是（　）。

A. x%(−3)　B. w+=−2　C. k=(a=2，b=3，a+b)　D. a+=a−=(b=4)*(a=3)

7. 逗号表达式（a=3*5，a*4），a+15 的值为（　）。

A.15　　B.60　　C.30　　D.不确定

8. 若 a 是 int 型变量，则执行表达式 a=25/3%3 后，a 的值为（　）。

9. 设 y 为 int 型变量，请写出描述“y 是奇数”的表达式（　）。

10. 设 x，y，z 均为 int 型变量，“x，y 中只有一个为负数”的表达式（　）。

11. 若有定义 int a=6;则执行 a+=a−=a*a 表达式后，a 的值为（　）。

12. 若 x 是 int 型变量，则 x=(a=4，6*2)后，x 的值为（　）。

13. 假设所有变量均为整型，则表达式（a=2，b=5，b++，a+b）的值是（　）。

第 6 章

选择结构

日常生活中会面临许多种选择，不同的选择就会有不同的处理方式，也会有不同的结果。计算机对于这类问题的处理采用选择结构来完成，选择结构是结构化程序设计三种基本结构之一。

C 语言的选择结构是通过对条件的判断来选择执行不同的语句，实现条件判断的基础是关系运算和逻辑运算。C 语言中用 if 语句或 switch 语句来构成选择结构。if 语句一般适用于单路或两路选择，也可以通过嵌套形式来实现多路选择；switch 语句能方便地实现多路选择。

本章学习目标与要求：

① 理解选择结构的含义；

② 掌握 C 语言分支语句的分类；

③ 掌握 if 单分支、双分支和多分支嵌套语句的使用；

④ 掌握 switch 多分支语句的使用方法。

6.1 生活情景导入

在日常生活中，有许多情景都会面临选择。通过分析生活中的选择情景来实现计算机的选择程序。

（1）自动售货

自动售货现在已成为很多公共场所的一种销售方式，如图 6-1 所示。自动售货机其中一项功能是提供所售商品的价格查询。假设某自动售货机上出售 4 种商品，薯片（crisps）、爆米花（popcorn）、巧克力（chocolate）、可乐（cola），售价分别是每份 3.0 元、2.5 元、4.0 元和 3.5 元。用户可以通过选择某种商品得到该商品的价格。用户输入编号 1～4，显示相应商品的价格；输入其他编号，显示价格为 0，如图 6-2 所示。

图 6-1 自动售货机

```
 [1]  Select  crisps
 [2]  Select  popcorn
 [3]  Select  chocolate
 [4]  Select  cola
Enter  choice: 3
price=4.0
```

图 6-2 自动售货机价格查询界面

（2）分析与设计

根据自动售货机的生活情景，我们分析一下商品价格查询的处理流程：根据用户输入的商品编号，选择相应商品的价格显示在界面上。用流程图描述的处理流程如图 6-3 所示。

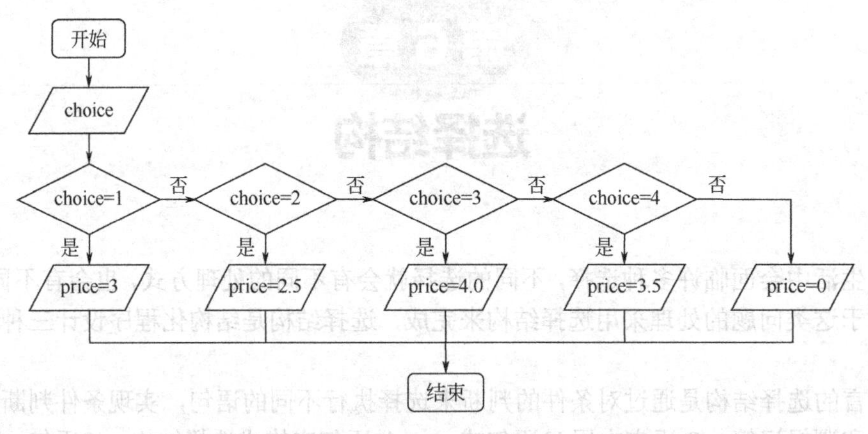

图 6-3　自动售货机价格查询处理流程图

在该流程图中，用变量 choice 记录用户输入的编号，用变量 price 表示某种商品的价格，根据 choice 的值进行判断，选择不同的处理分支。其中的选择处理过程可以表述为：

如果 （choice==1）

  price=3.0;

否则

  执行其他；

进一步抽象之后，选择结构的处理过程为：

if （表达式为真）

  语句 1;

else

  语句 2;

6.2　if 语句

通过判断给定的条件是否成立确定执行不同语句的结构称为**选择结构**或分支结构。对于生活中类似于自动售货机的选择情景，在 C 语言中可以用选择结构来表示。选择结构有 if 和 switch 两种语句。其中 if 语句有 3 种语法形式，构成了 3 种选择结构：简单 if 语句；两路选择 if…else 语句；多路选择 if 语句的嵌套。可以根据实际的应用需要选择相应语法实现形式。

6.2.1　简单 if 语句

问题 1：字符转换为数字问题。输入一个字符，若是数字字符，将其转换为数值。

该问题对应的处理流程如图 6-4 所示。

问题 2：大数问题。输入两个数 a、b，使得 a 为大数。

该问题对应的处理流程如图 6-5 所示。

问题 1 和问题 2 的共同特点就是都是处理选择问题，对两个问题抽象出共同特点，选择问题的处理流程过程如图 6-6 所示。

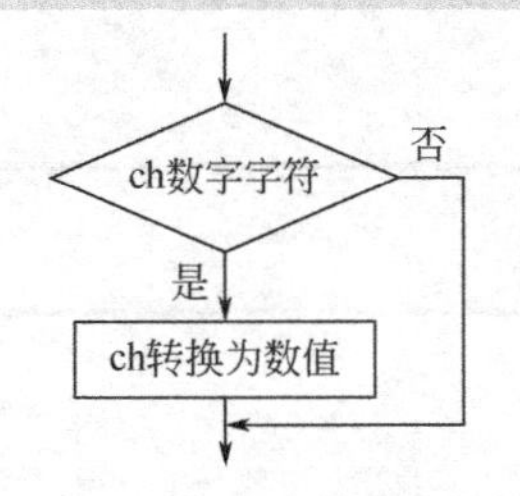

图 6-4　字符转换为数字的处理流程

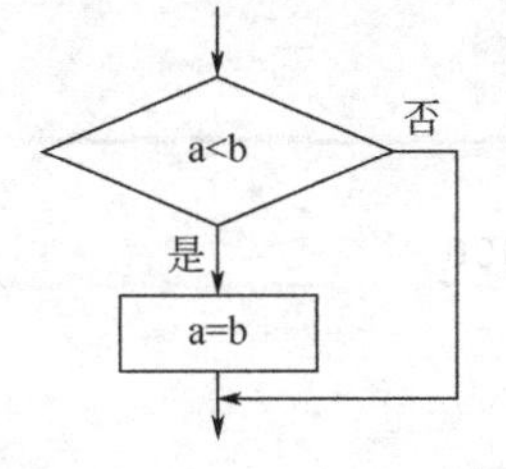

图 6-5　大数问题处理流程

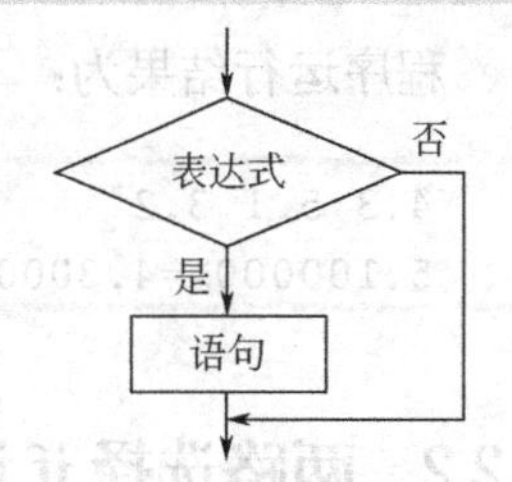

图 6-6　选择问题处理流程

这类问题可以用 C 语言中的简单 if 语句来处理。简单 if 语句表达的是单分支结构。语句形式为：

if（表达式）

语句;

该语句的执行过程为：如果表达式的值为真即表达式为非 0 值，则执行语句；如果表达式的值为假即表达式为 0 值，则跳过该语句继续执行后续程序。执行的语句可以是简单语句也可以是复合语句。特别注意：语句后要以分号结束，表示 if 语句结束。用 if 语句实现以上两个问题。

问题 1 的实现语句为：

```
if  (ch>='0'&&ch<='9')
  ch=ch-48;
```

问题 2 的实现语句为：

```
if  (a<b)
    a=b;
```

利用简单 if 语句可以很容易地设计选择结构的程序。

【例 6.1】输入三个数 a、b、c，要求按从大到小的顺序输出 a、b、c。

分析：要按由大到小输出三个数，首先要两两比较其大小，先找出最大的交换给 a，最小的交换给 c，最后进行输出。

该问题的处理流程如图 6-7 所示。

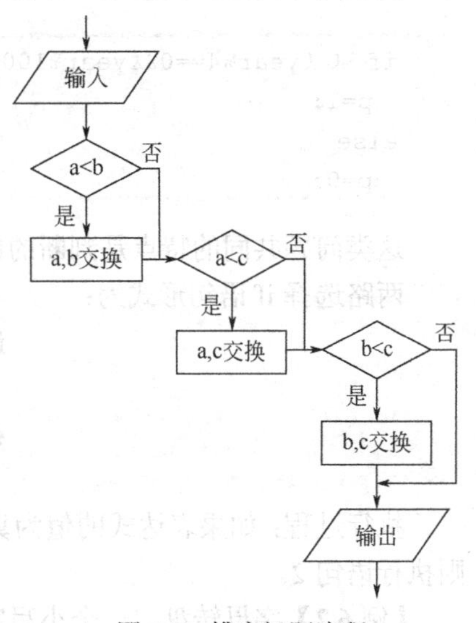

图 6-7　排序问题流程

程序代码如下：

```
#include<stdio.h>
int main ()
{
  float a, b, c, temp;
  scanf ("%f%f%f", &a, &b, &c) ;
  if (a<b)
    {temp = a; a = b; b = temp;}
  if (a<c)
    {temp = a; a = c; c = temp;}
  if (b<c)
    {temp = b; b =c; c = temp;}
  printf ("%f>=%f>=%f\n", a, b, c) ;
  return 0;
}
```

程序运行结果为：

```
4.3 5.1 3.2
5.100000>=4.300000>=3.200000
```

6.2.2 两路选择 if 语句

在选择时经常会面临两种情况，如果情况 1 则……，否则……，这时候就可以使用两路选择的 if 语句，也叫双分支语句。

例如绝对值问题：求一个数的绝对值。

```
if (x>=0)
  printf("%d", x);
else
  printf("%d", -x);
```

例如闰年问题：判断某一年是否为闰年，如果是闰年，标志 p 置 1，否则 p 置 0。

```
if ((year%4==0&&year%100!=0) || (year%400==0))
  p=1;
else
  p=0;
```

这类问题共同的特点是判断的问题有两种结果分支，用流程图表示如图 6-8 所示。

两路选择 if 语句形式为：

if（表达式）

语句 1;

else

语句 2;

执行过程：如果表达式的值为真（非 0 值），则执行语句 1；如果表达式的值为假（0 值），则执行语句 2。

【例 6.2】字母转盘。一个小写字母的圆盘，要求从键盘读入任意一个小写字母，求其前驱字母和后继字母。

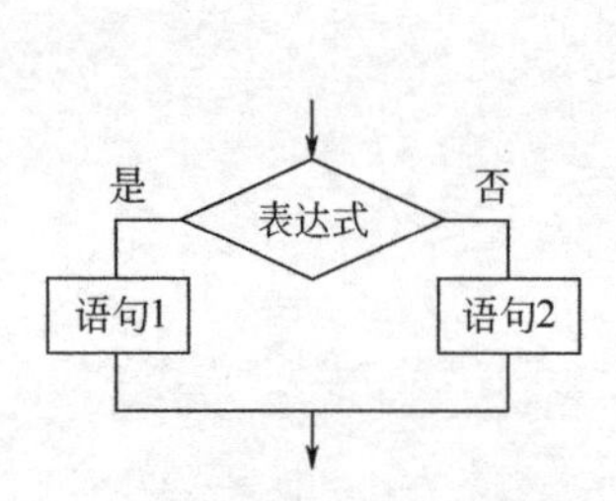

图 6-8 两路选择 if 语句流程图

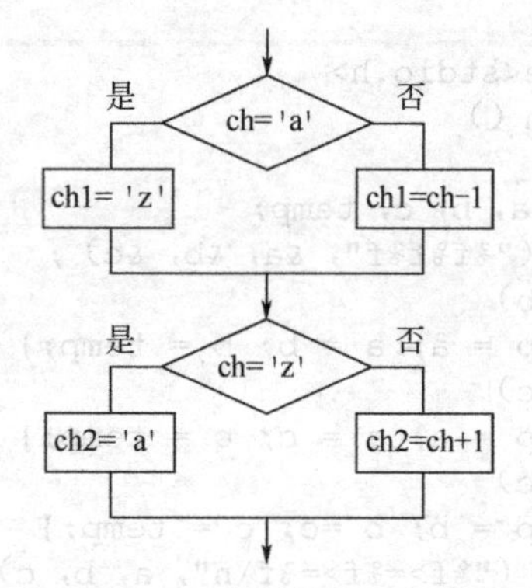

图 6-9 字母转盘流程图

分析：输入一个字母，先判断该字母是否'a'或'z'，如果输入的是'a'，则前驱字母为'z'；如果输入的是'z'，则后继字母为'a'；其余情况前驱为该字母−1，后继为该字母+1。

先用流程图描述出问题的处理流程，如图 6-9 所示。

程序代码如下：

```
#include<stdio.h>
int main ()
{
  char ch, ch1, ch2;
  printf ("Enter character:") ;
  scanf ("%c", &ch) ;
  if (ch=='a')
    ch1='z';
  else
    ch1=ch-1;
  if (ch=='z')
    ch2='a';
  else
    ch2=ch+1;
  printf ("ch1=%c, ch=%c, ch2=%c\n", ch1, ch, ch2) ;
  return 0;
}
```

程序运行结果为：

```
Enter character:e
ch1=d, ch=e, ch2=f
```

6.2.3　多路选择 if 语句的嵌套

在 if 语句中包含一个或多个 if 语句称为 if 语句的嵌套。当有多种选择分支时，就可以使用多路选择 if 语句的嵌套形式。其语法格式如下：

if（表达式 1）
　　语句 1;
else if（表达式 2）
　　语句 2;
　…
else if（表达式 *n*）
　　语句 *n*;
else
　　语句 *n*+1;

多路选择 if 语句的执行流程如图 6-10 所示。

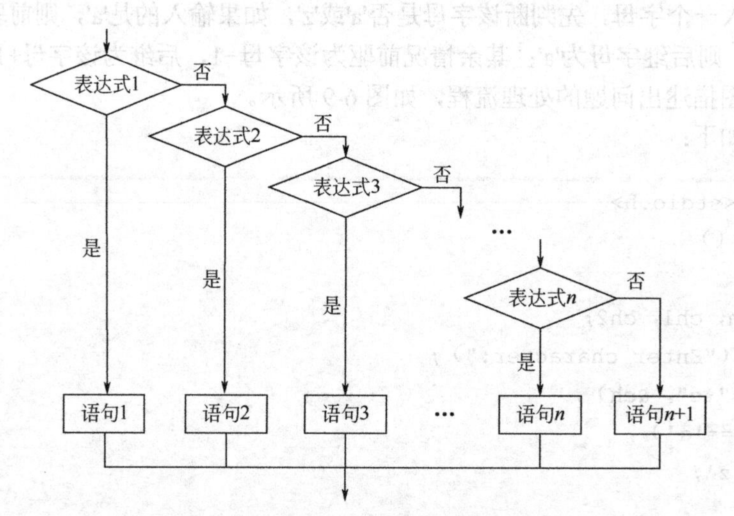

图 6-10　多路选择 if 语句执行流程图

比较以下三种多路选择 if 语句的区别。

用法 1：

```
if （ ）
   if（）
        语句 1;
   else
        语句 2;
else
   if（）
        语句 3;
   else
        语句 4;
```

用法 2：

```
if（）
   if（）
      语句 1;
   else
      if（）
        语句 2;
      else
        语句 3;
```

用法 3：

```
if（）
   语句 1;
else
   if（）
```

```
        语句 2;
    else
        语句 3;
```

说明：

① else 总是与它上面离它最近的未配对的 if 配对。

② 可以通过加{ }的方式改变系统默认的配对原则，以实现程序的功能。

③ if 和 else 后面可以只含有一个内嵌语句，也可以用{}将多个操作语句复合成一条语句的形式。

④ else 前的语句除非加{ }，否则以分号结束。

【例 6.3】用多路 if 语句嵌套实现成绩分级管理。

学校实践课程实行分级管理：小于 60 分为 E 级；[60 分～70 分）为 D 级；[70 分～80 分）为 C 级；[80 分～90 分）为 B 级；90 分以上为 A 级。

分析：该问题可以有多种实现方式。

方式一流程图如图 6-11 所示。

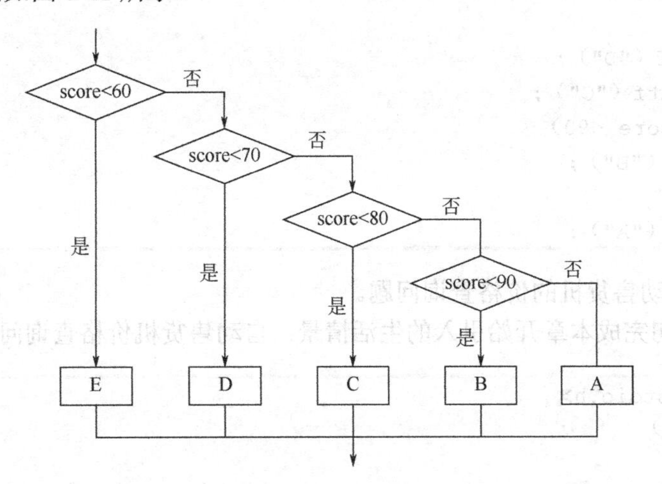

图 6-11　成绩分级管理流程图（方式一）

程序中的 if 语句如下：

```
if (score<60)
    printf ("E\n") ;
else if (score<70)
      printf ("D\n") ;
    else if (score<80)
          printf ("C\n") ;
        else if (score<90)
              printf ("B\n") ;
            else
              printf ("A\n") ;
```

方式二流程图如图 6-12 所示。

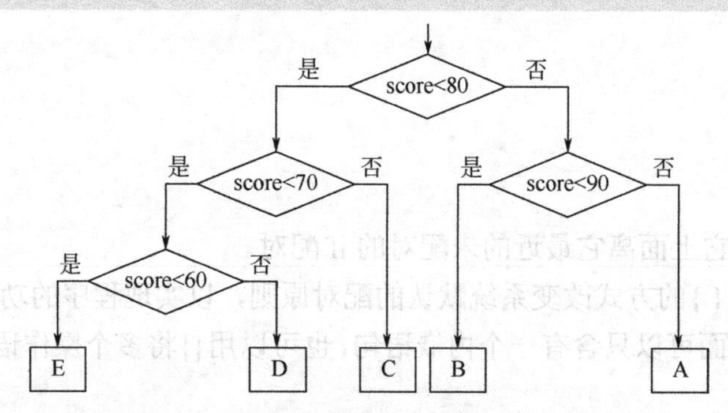

图 6-12　成绩分级管理流程图（方式二）

用多路选择的 if 语句表示如下。

```
if （score<80）
  if （score <70）
    if （score <60）
      printf（"E"）;
    else
      printf（"D"）;
  else printf（"C"）;
else if（score <90）
     printf（"B"）;
else
     printf（"A"）;
```

【例 6.4】 自动售货机的价格查询问题。

用多路 if 语句完成本章开始引入的生活情景：自动售货机价格查询问题。

```
#include <stdio.h>
int main（ ）
{
  int choice;
  float price;
  printf（" [1]  Select  crisps \n" ）;//菜单
  printf（" [2]  Select  popcorn  \n"）;
  printf（" [3]  Select  chocolate  \n"）;
  printf（" [4]  Select  cola   \n"）;
  printf（" Enter  choice: " ）;//人机对话
  scanf（"%d", &choice）;
  if （choice==1）
    price=3.0;
  else
     if （choice==2）
       price=2.5;
     else
       if （choice==3）
         price=4.0;
       else
         if （choice==4）
```

```
        price=3.5;
    else
        price=0;
    printf (" price=%.1f\n", price) ;
    return 0;
}
```

程序运行结果为：

```
[1]  Select  crisps
[2]  Select  popcorn
[3]  Select  chocolate
[4]  Select  cola
Enter  choice: 1
price=3.0
```

6.3　switch 语句

switch 语句又称开关分支语句，是选择结构的另一种形式，它是根据给定表达式的结果进行判断，然后执行多分支程序段中的某一支。C 语言中用 switch-case 结构来实现开关分支语句。switch 语句的流程图如图 6-13 所示。

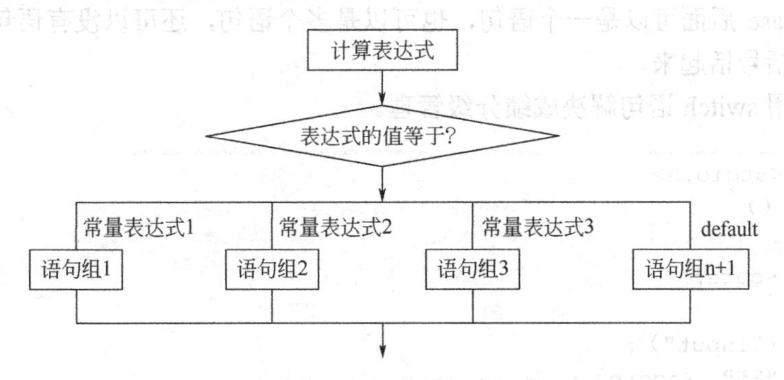

图 6-13　switch 语句流程图

（1）switch 语句的一般形式为：

```
switch（表达式）
{
  case 常量表达式 1：语句 1;
                    break;
  case 常量表达式 2：语句 2;
                    break;
  …
  case 常量表达式 n：语句 n;
                    break;
  default:          语句 n+1;
}
```

计算switch表达式的值，判断与哪个常量表达式值相等，与哪个常量表达式值相等就执行该常量表达式后边的语句，然后执行break语句跳出switch结构；若没有与switch表达式相等的常量表达式出现，则执行default后的语句。

（2）break语句的作用

为switch提供除default之外的出口，实现多分支不重叠。若没有break，与switch表达式值相等的常量表达式之后的所有语句都会按顺序执行直到跳出switch语句。

（3）switch语句使用注意事项

① case后面的常量表达式的值应该与switch后面的表达式的值类型一致，并且都必须为整型或字符型，不允许为浮点型。

② 同一个switch语句中所有case后面的常量表达式的值必须互不相同。

③ switch表达式的值与某一个case子句中的常量表达式的值相等，执行此case子句中的内嵌语句，若不存在与switch表达式的值相等的常量表达式，执行default的内嵌语句。

④ 各个case和default子句的次序可以变动，而不会影响程序执行结果，但要注意：如果default子句前置，后边要加break语句结果才正确，只有最后的分支语句可以不加break而不影响结果。

⑤ 多个case可以共用一组执行语句，例如：

case 10:

case 9: printf（"%f is A\n"，score）;break;

当常量表达式为10或9时，都执行上述printf语句。

⑥ 每个case后面可以是一个语句，也可以是多个语句，还可以没有语句。是多个语句时可以不用花括号括起来。

【例6.5】用switch语句解决成绩分级管理。

```
#include<stdio.h>
int main ()
{
  float  score;
  int c;
  printf ("input");
  scanf ("%f", &score);
  c= (int) (score/10);
  switch  (c)
  {
    case 10:
    case 9: printf ("%f is A\n", score);
            break;
    case 8: printf ("%f is B\n", score);
            break;
    case 7: printf ("%f is C\n", score);
            break;
    case 6: printf ("%f is D\n", score);
            break;
    default: printf ("%f is E\n", score);
  }
  return 0;
}
```

【例 6.6】用 switch 语句解决自动售货机价格查询。

```
#include<stdio.h>
int main ( )
{
  int choice;
  float price;
  printf ("[1]  Select crisps\n");
  printf ("[2]  Select popcorn\n");
  printf ("[3]  Select chocolate\n");
  printf ("[4]  Select cola\n");
  printf ("Enter choice:");
  scanf ("%d", &choice);
  switch (choice)
{
    case 1: price=3.0;
             break;
    case 2: price=2.5;
            break;
    case 3: price=4.0;
             break;
    case 4: price=3.5;
             break;
    default:price=0.0;
  }
  printf ("your choice is %d,  price=%f\n", choice, price);
  return 0;
}
```

6.4 if 与 switch 语句比较

if 多分支嵌套与 switch 有时候可以互相替代，但是也有一些不同，可以从以下两个方面进行比较。

① 从功能角度来看，if 语句比 switch 语句的条件控制更强大一些。if…else 可以依照各种逻辑运算的结果进行流程控制，而 switch 只能进行“==”判断，并且只能是整数、字符等有限类型判断。

② 从结构角度来看，switch 的结构比 if…else 更清晰，一目了然。

两者都要尽量避免嵌套太多，否则会大大增加程序的分支，使逻辑关系显得混乱，不易维护，易出错。

6.5 本章小结

根据表达式运算结果选用不同程序段进行处理的程序结构称为选择结构。选择结构是 C 语言中一种重要的语句结构，它体现了程序的逻辑判断能力。选择结构又可分为单分支、双分支和多分支。一般采用if语句实现简单分支结构程序，用switch和break语句实现多分支结构程序。本章中我们主要给大家介绍了下面内容：

① 选择结构离不开逻辑判断，关系运算和逻辑运算正体现了这种逻辑判断能力。选择结构的控制条件通常用关系表达式或逻辑表达式构造，也可以用一般表达式表示。因为表达式的值非0即为“真”，0即为“假”，所以具有值的表达式均可作if语句的控制条件。

② C语言利用if语句来实现选择结构，if语句主要有三种句式，分别是：单分支的if语句、双分支的if语句、多分支嵌套if语句。在嵌套if语句中，一定要搞清楚if与else的配对问题。

③ switch语句专门用于解决多分支选择问题。switch语句只有与break语句相结合，才能设计出正确的多分支结构的程序。break语句通常出现在switch语句或循环语句中，它能终止执行它所在的switch语句或循环语句。

课后习题

1. 以下程序的输出结果为（ ）。

```
int main ( )
{
   int i=0, j=0, a=6;
   if ( (++i>0) && (++j>0) )
     a++;
   printf ("i=%d, j=%d, a=%d\n", i, j, a) ;
   return 0;
}
```

A.i=0，j=0，a=6　　B.i=1，j=1，a=7

C.i=1，j=0，a=7　　D.i=0，j=1， a=7

2. 若输入时x=12，则运行结果为（ ）。

```
int main ( )
{
   int x, y;
   scanf ("%d", &x) ;
   y=x>12 ? x+10:x-12;
   printf ("%d\n", y) ;
   return 0;
}
```

A. 0　　B. 22　　C. 12　　D. 10

3. 写出下面程序输出结果（ ）。

```
int main ( )
{
  int x=1,  y=0,  a=0,  b=0;
  switch (x)
  {
   case 1:  switch (y)
            {
             case 0: a++;
             case 1: b++;
```

```
            }
    case 2:  a++;
            b++;
     }
     printf ("a=%d,  b=%d\n",  a,  b) ;
}
```

A. a=2， b=1　　B. a=1， b=1　　C. a=1， b=0　　D. a=2， b=2

4. 个人所得税（综合）计税起征点是5000元/月。计税办法是：应纳个人所得税=(应纳税所得额−扣除标准)×适用税率−速算扣除数。标准如下：

超额范围	适用税率	速算扣除数
[0~3000）	3%	0
[3000~12000）	10%	210
[12000~25000）	20%	1410
[25000~35000）	25%	2660
[35000~55000）	30%	4410
[55000~80000）	35%	7160
[80000~	45%	15160

根据以上计税办法，编程根据职工薪资计算应缴个人所得税额。

5. 输入一个字符，判断是否是大写字母，若是，转换为小写字母，输出；若不是，直接输出。

6. 已知银行整存整取存款不同期限的月利率分别为：

月利率	期限
0.315%	一年
0.330%	二年
0.345%	三年
0.375%	五年
0.420%	八年

要求输入存钱的本金和存款周期，求到期时能从银行得到的利息与本金之和。

7. 编写一个简单的计算器，输入格式为：data1 op data2，其中data1 和data2是参与运算的两个数，op为运算符，它的取值只能是+、−、*、/。

8. 企业发放员工的奖金根据利润提成，利润（i）低于或等于10万元时，奖金可提10%；利润高于10万元，低于20万元时，低于10万元的部分按10%提成，高于10万元的部分，可提成7.5%；利润在20万元到40万元之间时，高于20万元的部分，可提成5%；利润在40万元到60万元时，高于40万元的部分，可提成3%；利润在60万元到100万元之间时，高于60万元的部分，可提成1.5%；利润高于100万元时，超过100万元部分可按1%提成。从键盘输入当月利润 *i*，求应发放奖金总数。

9. 输入某年某月某日，判断这一天是当年的第几天。

第7章 循环结构

程序设计中许多问题的解决都要用到循环控制。例如输入输出全班学生的成绩、求若干数的连乘积、迭代求根等。大多数的应用程序都包含循环。循环结构是结构化程序设计的基本结构之一，它和顺序结构、选择结构共同作为各种复杂程序结构的基本构造单元。理解循环结构进而在程序设计中熟练应用是C语言程序设计的基本要求。

循环结构是在给定条件或表达式成立时，反复执行某些程序语句或某个程序段的一种控制结构，反复执行的程序段称为循环体。

C语言提供三种基本的循环语句for语句、while语句和do-while语句，程序设计者可以用这三种循环语句及其嵌套形式实现循环处理。

本章学习目标与要求：

① 了解循环语句的组成结构；

② 掌握while循环的特点及适用条件；

③ 掌握do-while 循环的特点及适用条件；

④ 掌握for循环的特点及适用条件；

⑤ 会根据需要选择合适的循环语句。

7.1 生活情景导入

7.1.1 蜗牛爬竿

有一只蜗牛想爬到竹竿的顶端够葡萄吃。第一天爬了竹竿的一半又多1cm。第二天爬了剩下竹竿的一半又多1cm。以后每天都爬前一天剩下竹竿的一半又多1cm。到第8天时，只剩下1cm就可以吃到葡萄了。求这枝竹竿一共有多少厘米。

分析如下：

竹竿的长度=第1天剩余长度x=(第2天剩余长度x+1)×2

第2天剩余长度x=(第3天剩余长度x+1)×2

第3天剩余长度x=(第4天剩余长度x+1)×2

第4天剩余长度x=(第5天剩余长度x+1)×2

第5天剩余长度x=(第6天剩余长度x+1)×2

第6天剩余长度x=(第7天剩余长度x+1)×2

第7天剩余长度x=(第8天剩余长度x+1)×2

第8天剩余长度x=1

由此可抽象出如下数学模型：

前一天剩余竹竿长度 x=(后一天剩余竹竿长度 x+1)×2

即：x=(x+1)×2

x 初值为 1，重复执行 x=(x+1)×2，7 次就会得到竹竿长度。

这样，可以通过设置一个计数器 i，初始值为 0，每执行一次，i 自加 1 的方式判断重复计算的次数。问题的流程图如图 7-1 所示。

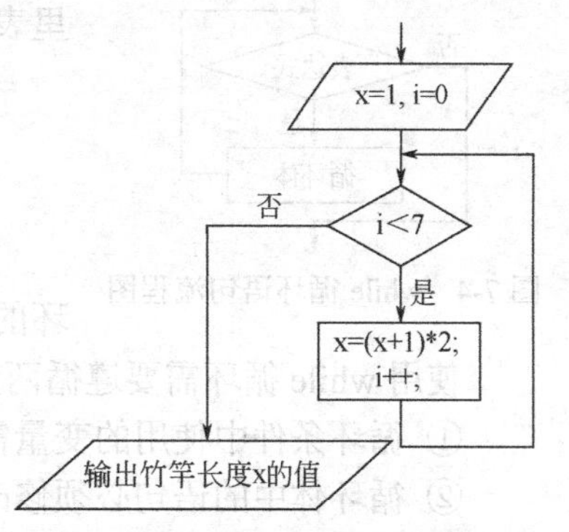

图 7-1 蜗牛爬竿生活情景流程图

7.1.2 长跑比赛

2009 年 5 月 6 日，施一公老师参加了清华大学教工运动会男子丙组 3000m 长跑比赛，获得第四名，成绩 12 分 56 秒。裁判如何判定运动员完成 3000m 跑，并给定成绩的呢？

如图 7-2 所示，3000m 起跑点为距终点 200m 处，由此开始记录跑过的圈数，当第 8 次跑到终点时比赛结束，整个过程可用图 7-3 描述。

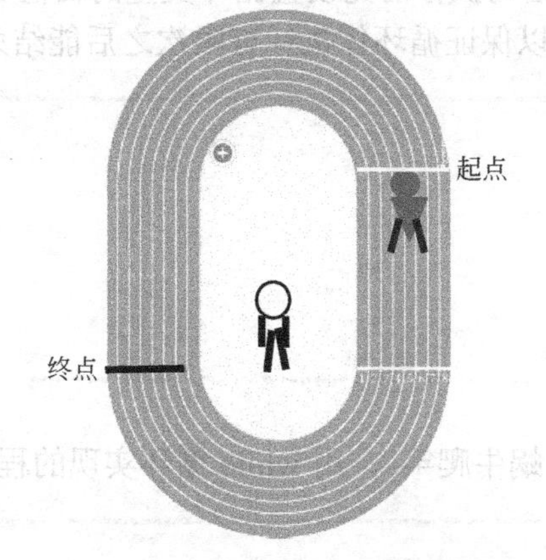

图 7-2 3000m 长跑比赛示意图

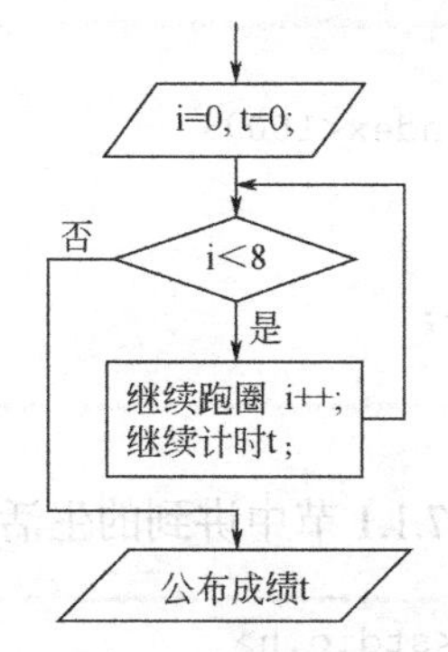

图 7-3 3000m 比赛流程图

生活中类似这样的问题都需要重复进行一些操作，这种功能在计算机中可以用循环结构来实现。循环结构是结构化程序设计的基本结构之一，和顺序结构、选择结构共同完成复杂处理。C 语言提供的循环结构有 while 循环、do-while 循环和 for 循环三种基本循环语句。

7.2 while 循环

while 循环语句格式如下：

```
while （表达式）
{
    循环体;
}
```

其中“表达式”为循环的条件，条件为真则执行“循环体”，条件为假则结束循环。这

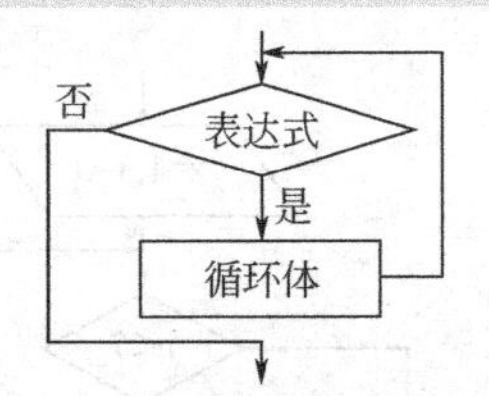

图 7-4　while 循环语句流程图

里表达式进行判断的次数为循环体执行次数加 1。

while 循环执行过程如下：

① 先计算表达式的值；

② 若表达式的值为真，则执行循环体语句，再重复①；

③ 若表达式的值为假，则结束循环，然后转去执行 while 循环的后续语句。整个过程用流程图描述如图 7-4 所示。

使用 while 循环需要遵循两条使用规则：

① 循环条件中使用的变量需要经过初始化；

② 循环体中的语句必须修改循环条件的值，否则会形成死循环。

```
[<变量初始化>]
while（循环条件）
{
    <循环体>
}
```

例如，以下 while 循环语句中，while 语句执行前先设置循环变量的初值 index=1；循环体中的“index++;”用来改变循环变量的值，以保证循环体执行有限次之后能结束 while 循环。

```
index=1;
while （index<100）
{
  …
  index++;
}
```

【例 7.1】 7.1.1 节中讲到的生活场景“蜗牛爬竿”，用 while 循环实现的程序如下：

```
#include<stdio.h>
int main ()
{
  int i, x;
  i=0;
  x=1;
  while (i<7)
  {
    x= (x+1) *2;
    i++;
  }
  printf ("x=%d\n",  x) ;
  return 0;
}
```

程序运行结果为：

```
x=382
```

【例 7.2】用格里高利公式求 π 的近似值，要求精确到某一项的绝对值小于 10^{-6}。

$$\frac{\pi}{4}=1-\frac{1}{3}+\frac{1}{5}-\frac{1}{7}+\cdots$$

分析：这是一个典型的累加求和的问题。解决问题的关键在于怎样表示每一项 item。根据公式，item 的表示规则如下：

符号 flag：用来标识正负号，奇数项为正，偶数项为负。

分子：1.0。

分母：从 i=1 开始，i 依次加 2。

最后根据条件$|item|<10^{-6}$ 确定公式的项数。流程图表示如图 7-5 所示。

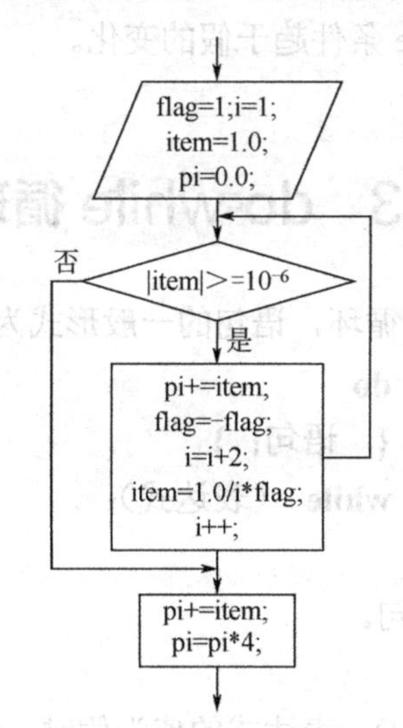

图 7-5 格里高利公式流程图

程序代码如下：

```
#include<stdio.h>
#include<math.h>
int main ()
{
  int i, flag;
  float item, pi;
  i=1;
  flag=1;
  item=1.0;
  pi=0;
  while (fabs (item) >=1.0e-6)
  {
    pi+=item;
    flag=-flag;
    i=i+2;
    item=1.0/i*flag;
  }
  pi=4*pi;
```

```
  printf ("pi=%f\n", pi) ;
  return 0;
}
```

程序运行结果为：

```
pi=3.141594
```

while 循环使用说明：

① 循环体超过一条语句应使用{ }形成复合语句形式。

② 应设置 while 条件初次使用为真。

③ 在循环体中应出现使 while 条件趋于假的变化。

7.3 do-while 循环

do-while 循环实现的是直到型循环，语句的一般形式为:

do
{ 语句; }
while （表达式）;

do-while 语句执行过程如下：

① 执行一次指定的循环体语句。

② 计算表达式的值。

③ 表达式的值为真时，返回①；表达式的值为假时，结束循环。

do-while 循环语句先执行一次循环体，然后判断表达式的值。循环体执行的次数和判断表达式真假的次数相等。因此 do-while 循环语句至少执行一次循环体的语句。流程图如图 7-6 所示。

【例 7.3】输入一个正整数，将其逆序输出。例如，输入 12345，输出 54321。

分析：为了实现逆序输出一个正整数，需将该数从低位到高位依次分离，并按分离的先后顺序输出。分离的方法是除 10 取余，将余数输出，然后用除 10 取整更新该数，直到被除数为零结束，处理流程如图 7-7 所示。

例如：

12345%10=5

12345/10=1234

1234%10=4;

1234/10=123;

123%10=3;

123/10=12;

12%10=2;

12/10=1;

1%1

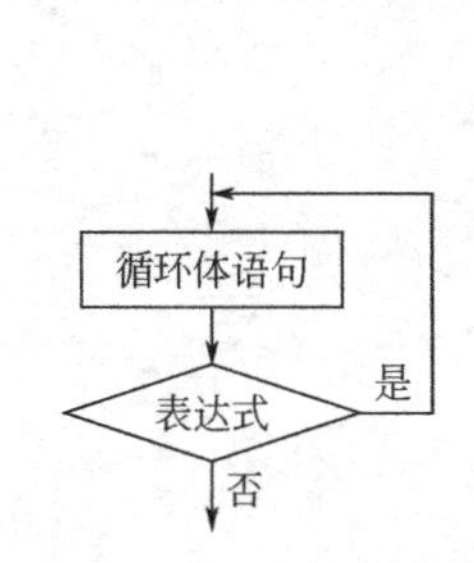

图 7-6　do-while 循环语句流程图

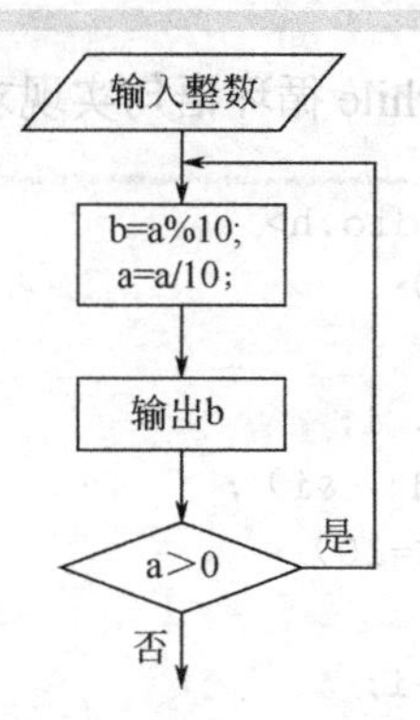

图 7-7　例 7.3 处理流程图

程序代码如下：

```
#include<stdio.h>
int main ()
{
  unsigned int a, b;
  printf ("Enter 5 bit number:") ;
  scanf ("%u" , &a) ;
  do
  {
    b=a%10;
    a=a/10;
    printf ("%u", b) ;
  }
  while (a>0) ;
  printf ("\n") ;
  return 0;
}
```

程序运行结果为：

```
Enter 5 bit number:12345
54321
```

7.4　while 和 do-while 循环比较

while 循环和 do-while 循环语句结构类似，功能相近但又不完全相同。

从程序结构来说，while 循环属于先判断后执行，do-while 循环属于先执行后判断，都是直到表达式为假结束循环。但是 while 语句可能一次循环也不执行，do-while 至少执行一次循环。

从实现功能来说，用 while 语句和用 do-while 语句处理同一问题时，若条件相同，二者的循环体部分相同，且第一次判断为真，则结果完全相同；如果 while 后面的表达式一开始就为假，两种循环的结果是不同的。

【例 7.4】用 while 循环语句实现求和。

```
#include<stdio.h>
int main ( )
{
  int sum=0, i;
  scanf ("%d", &i) ;
  while  (i<=10)
  {
   sum=sum+i;
   i++;
   }
  printf ("sum=%d\n", sum) ;
  return 0;
}
```

输入 i 为 1 时，程序运行结果为：sum=55

输入 i 为 11 时，程序运行结果为：sum=0

【例 7.5】用 do-while 循环语句实现求和。

```
#include<stdio.h>
int main ( )
{  int sum=0, i;
   scanf ("%d", &i) ;
  do
  {   sum=sum+i;
      i++;
  }  while  (i<=10) ;
  printf ("sum=%d\n", sum) ;
  return 0;
}
```

输入 i 为 1 时，程序运行结果为：sum=55

输入 i 为 11 时，程序运行结果为：sum=11

7.5 for 循环

C 语言中的 for 循环语句是使用最为广泛和最为灵活的语句，既适合循环次数比较明确的情形，也适合只有初始条件的循环，能够完全实现 while 语句的功能。语法格式如下：

```
for（表达式 1;表达式 2 ;表达式 3）
{
    语句;
}
```

for 循环语句中的分号用于分隔 for 循环的三个表达式，语句的执行过程如下：

① 计算表达式 1 的值，通常是为循环变量赋初值。

② 计算表达式 2 的值，即判断循环条件是否为真，若值为真则执行循环体语句一次，转向③；若值为假，转向④。

③ 计算表达式 3 的值，即更新循环变量的赋值表达式，然后转回②重复执行。

④ for 循环终止，执行 for 语句的后续语句。

用流程图表示的 for 循环如图 7-8 所示。

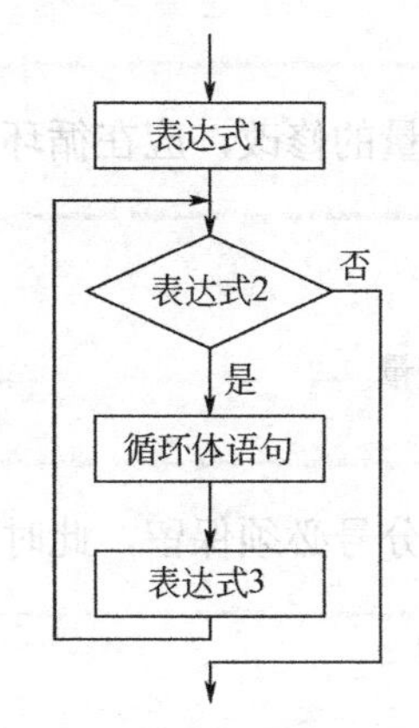

图 7-8 for 循环语句流程图

【例 7.6】输入某一个正整数，求它的阶乘。

```
#include <stdio.h>
int main () {
  int number, count, factorial=1;
  printf ("\n 请输入任意一个正整数: ") ;
  scanf ("%d", &number) ;
  for (count=1; count<=number; count++)
      factorial=factorial*count;
  printf (" %d 的阶乘 = %d\n", number, factorial) ;
  return 0;
}
```

程序输出结果为:

```
请输入任意一个正整数: 5
5 的阶乘 = 120
```

for 语句的使用非常灵活，语句中的三个表达式都可以省略，分号分隔符不可以省略。使用说明如下:

① 省略表达式 1 即缺少为循环变量赋初值，此时应在 for 语句之前给循环变量赋初值，例如:

```
int num=0;      //循环变量赋初值
for (;num<= 10 ;num++)
{
   printf ("%d\n", num*2) ;
}
```

② 省略表达式 2 即缺少循环判断条件，应在循环体内设置结束循环，否则将因无条件而导致死循环。例如：

```
for (num=0; ;num ++){
   if(n>10) break;    //循环结束的条件
     printf("%d\n", num*2);
}
```

③ 省略表达式 3 即缺少循环变量的修改，应在循环体内修改循环变量，例如：

```
for (num=0; num <= 10 ;){
   printf("%d\n", num*2);
   num++; //循环体内修改循环变量
}
```

④ 三个表达式都省略，但两个分号必须保留，此时构成死循环。例如：

```
for(; ;)  //两个分号必须保留
{
  printf("%d\n", num*2);
  num++;
}
```

7.6 循环嵌套

一个循环体内又包含另一个完整的循环结构称为循环的嵌套。内层循环中再包含其他循环结构，称为多重循环嵌套。for、while、do-while 可以互相嵌套，构成所需的多重循环结构。

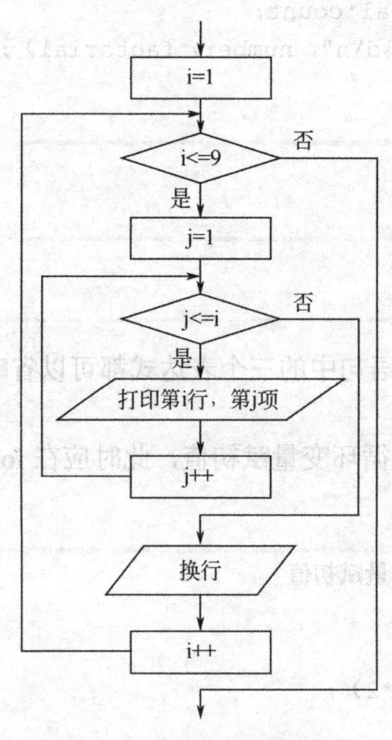

图 7-9 九九乘法表流程图

【例 7.7】打印输出九九乘法表。

分析：根据九九乘法表的构成，首先需要输出 9 行，其次每行的列数第 1 行有 1 列，第 2 行有 2 列，第 3 行有 3 列……即要输出多行，每行输出多列（每行列数不同），所以需要双重循环。首先定义两个循环变量 i 和 j 分别控制行数和列数，从第一行开始共输出 9 行，所以行数循环变量初始化为 1，循环次数 9 次，设置循环条件 i<=9 时，进入循环。每输出完一行后行数加 1。

每一行列数的输出，第 i 行输出的列数为 i 列，第一行输出 1×1=1，列数循环变量初始化为 1，输出的列数 i 次，设置循环条件 j<=i 时进入内层循环。循环体中的语句即为要输出的乘法口诀：j*i。每输出完一行换行。处理流程图如图 7-9 所示。

程序代码如下：

```
#include<stdio.h>
int main ()
{
  int i, j;
  for (i = 1; i <= 9; i++)
  {
     for (j = 1; j <= i; j++)
        printf ("%d*%d=%d\t", j, i, j * i);
     printf ("\n");
  }
  getchar ();
  return 0;
}
```

程序运行结果为：

```
1*1=1
1*2=2   2*2=4
1*3=3   2*3=6   3*3=9
1*4=4   2*4=8   3*4=12  4*4=16
1*5=5   2*5=10  3*5=15  4*5=20  5*5=25
1*6=6   2*6=12  3*6=18  4*6=24  5*6=30  6*6=36
1*7=7   2*7=14  3*7=21  4*7=28  5*7=35  6*7=42  7*7=49
1*8=8   2*8=16  3*8=24  4*8=32  5*8=40  6*8=48  7*8=56  8*8=64
1*9=9   2*9=18  3*9=27  4*9=36  5*9=45  6*9=54  7*9=63  8*9=72  9*9=81
```

上例的循环结构之间可以互相嵌套，循环结构也可以与分支结构进行嵌套。

【例 7.8】三对情侣举行婚礼，新郎为 A、B、C，新娘为 X、Y、Z。有人不知道谁和谁结婚，于是询问了六位新人中的三位，听到的回答是这样的：A 说他将和 X 结婚；X 说她的未婚夫是 C；C 说他将和 Z 结婚，这人听后知道他们在开玩笑，全是假话，请编程找出谁将和谁结婚。

分析：可以用“A='X'”表示新郎 A 和新娘 X 结婚，同理，如果新郎 A 不与新娘 X 结婚则写成“A!='X'”，根据题意可以得到如下的表达式。

A 不与 X 结婚：A!='X'

C 不与 X 结婚：C!='X'

C 不与 Z 结婚：C!='Z'

根据上面3个表达式，通过推理就可以得出结论了：

C不与X、Z结婚，那么肯定是和Y结婚，所以C='Y'；A不与X结婚，那么肯定是与Z结婚，所以A='Z'；最后剩下的肯定是B与X结婚，即B='X'。

基于以上推论，程序实现时对于每一位新郎而言，每一个人都可能与三位新娘中的任意一位结婚，因此根据事先已知条件判断所有的情况，就会得到最终结果，但是还要注意一个隐含的条件，即3个新郎不能够互为配偶，即A!=B且B!＝C且A!=C。

程序代码如下：

```
#include<stdio.h>
int main ()
{
  char A, B, C;
  for (A='X';A<='Z';A++)
    for (B='X';B<='Z';B++)
      for (C='X';C<='Z';C++)
        if (A!='X'&&C!='X'&&C!='Z'&& A!=B &&B!=C &&A!=C)
         {
           printf ("%c  marry %c\n", 'A', A) ;
           printf ("%c  marry %c\n", 'B', B) ;
           printf ("%c  marry %c\n", 'C', C) ;
           }
  getchar () ;
  return 0;
}
```

程序运行结果为：

```
A  marry Z
B  marry X
C  marry Y
```

通过以上几个程序的分析，可以总结出循环语句的实现要点：

① 根据实际问题抽象出重复执行的语句，即循环体的语句。

② 确定循环的次数，即循环开始条件和终止条件。

③ 一般情况下三种循环语句可以相互替换；可以根据实际问题需要选择合适的循环语句，例如在循环次数比较明确时，可使用for循环，循环次数不明确时用while和do-while循环。

7.7 转移语句

程序中的语句通常按顺序执行，或按语句功能所定义的方向执行，如果需要改变程序的正常流向，可以使用转移语句实现。

C语言中提供了4种转移语句，分别为break、continue、return和goto语句。

7.7.1 break语句

break语句用于switch语句和循环语句中。switch语句中使用break语句，其作用是在完成某一路选择处理后，直接退出 switch 语句。循环语句中其作用是跳出本层循环，结束整个循环过程，转去执行后面的程序。break 语句通常与条件语句一起使用。

以下为 break 语句在三种循环语句中的使用举例。

for 循环缺省括号中的三个表达式形成死循环，可以在语句体中加入 break，当条件满足时跳出此时的循环。

```
for ( ; ; ) {
   printf ("进行下去") ;
   i=getchar () ;
   if (i=='X' || i=='x')
   break;
}
```

以下的 while 语句恒为真，也可以在满足条件 x 等于 10 时跳出 while 循环。

```
while (1) {
   if (x==10)
   break;
}
```

以下的 do-while 语句也可以通过设置条件跳出循环。

```
do{
   if  (x==10)
   break;
}while  (x<15) ;
```

【例 7.9】 统计从键盘输入字符中有效字符的个数，以换行符作为输入结束。有效字符是指第一个空格符前面的字符，若输入字符中没有空格符，则有效字符为除了换行符之外的所有字符。

分析：循环逐个读入字符，以字符"\n"结束，对读入的字符进行判断，不是空格则计数并读入字符，是空格则计数结束并退出。处理流程如图 7-10 所示。

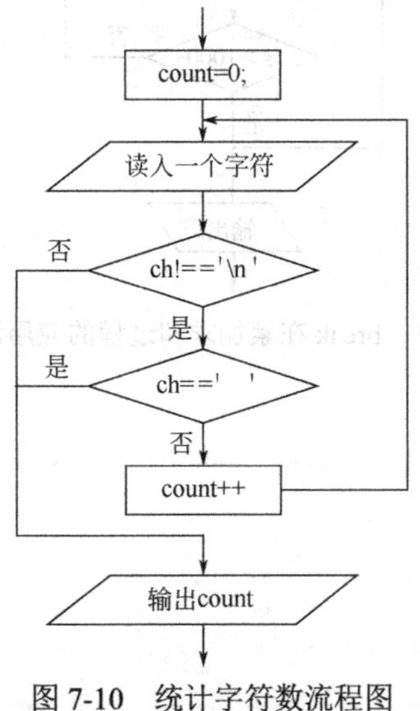

图 7-10　统计字符数流程图

程序代码如下：

```
#include<stdio.h>
int main ()
{
  int count=0, ch;
  printf ("\n 请输入一行字符: ") ;
  while ( (ch=getchar () ) !='\n')
  {
     if (ch==' ')
       break;
     count++;
  }
  printf ("共有 %d 个有效字符。\n", count) ;
  return 0;
}
```

程序运行结果为：

请输入一行字符：Hello world

共有 5 个有效字符。

【例 7.10】 计算 s=1+2+3+…+100，当和 s≥1000 时，则跳出循环。

分析：很容易分析出循环初始条件 s=0，循环变量初值 i 为 1，循环结束条件为 s>1000，最多循环 100 次，重复对 s 累加。处理流程图如图 7-11 所示。

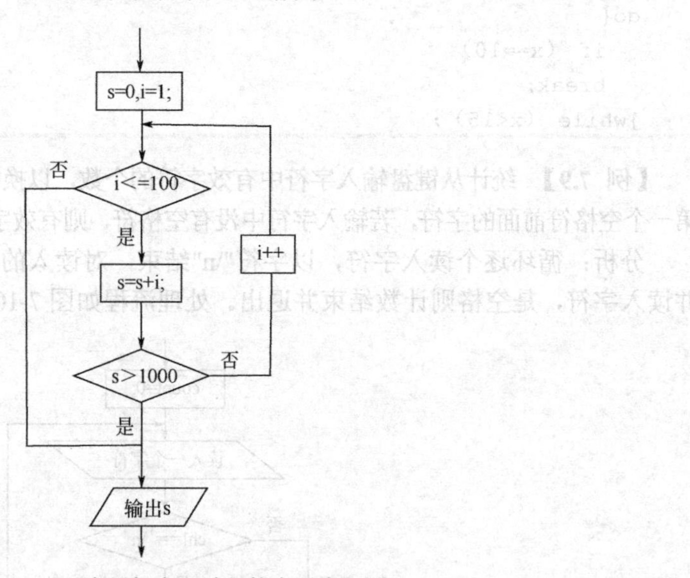

图 7-11　break 在累加求和过程的应用流程图

程序代码如下：

```
#include<stdio.h>
void main ( )
{
  int s=0, i=1;
  for  (; i<=100;i++)
  {
```

```
    s=s+i;
    if (s>=1000)
      break;
  }
  printf("s=%d, i=%d\n", s, i);
}
```

程序运行结果为：

```
s=1035, i=45
```

【例 7.11】打印输出 100～200 之间的全部素数。

分析：素数是指只能被 1 和它本身整除的数。对于每一个 100～200 之间的整数 k，用 k 分别除以 2，3，…，*k*-1 这些数，若所有数都不能整除 k，则 k 是素数；否则，k 一定不是素数。因此该例题要用到二重循环。处理流程如图 7-12 所示。

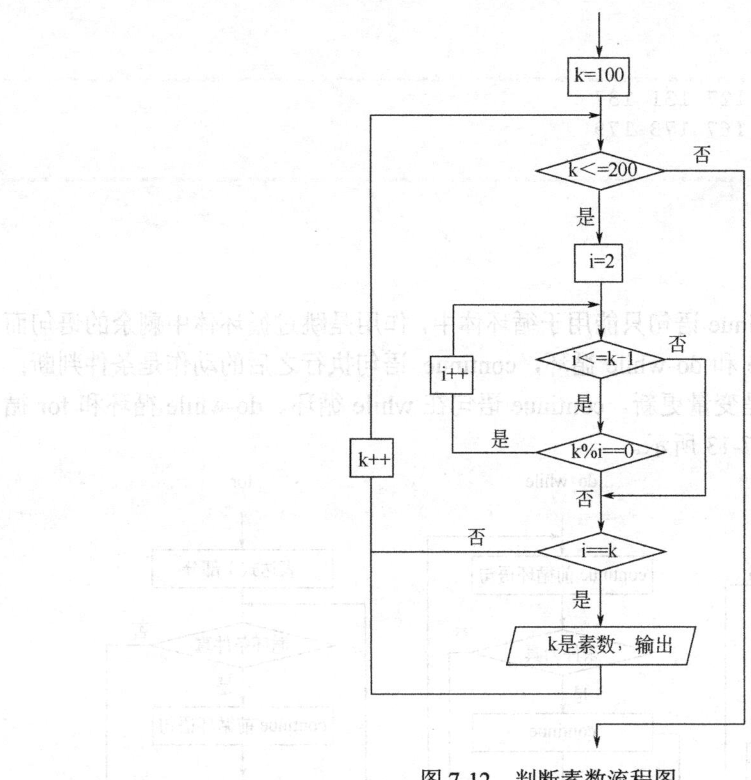

图 7-12　判断素数流程图

程序代码如下：

```
#include<stdio.h>
int main()
{
  int k, i, n=0;
  for(k=100;k<=200;k++)
  {
    for(i=2;i<=k-1;i++)
      if(k%i==0)
```

```
        break;
    if (i==k)
    {
      printf ("%4d", k) ;
      n++;
      if (n%8==0)
        printf ("\n") ;
    }
  }
  printf ("\n") ;
  return 0;
}
```

如果 i 能被整除，就执行 break，说明 k 不是素数，肯定有 i<=k-1。

如果 i 不能被整除，就不会执行 break，则循环结束的条件是 i<=k-1 不成立的时候，此时 i 的值必定为 k。

程序运行结果为：

```
101 103 107 109 113 127 131 137
139 149 151 157 163 167 173 179
181 191 193 197 199
```

7.7.2 continue 语句

和 break 语句不同，continue 语句只能用于循环体中，作用是跳过循环体中剩余的语句而执行下一次循环。对于 while 和 do-while 循环，continue 语句执行之后的动作是条件判断；对于 for 循环，随后的动作是变量更新。continue 语句在 while 循环、do-while 循环和 for 循环语句中使用的流程图如图 7-13 所示。

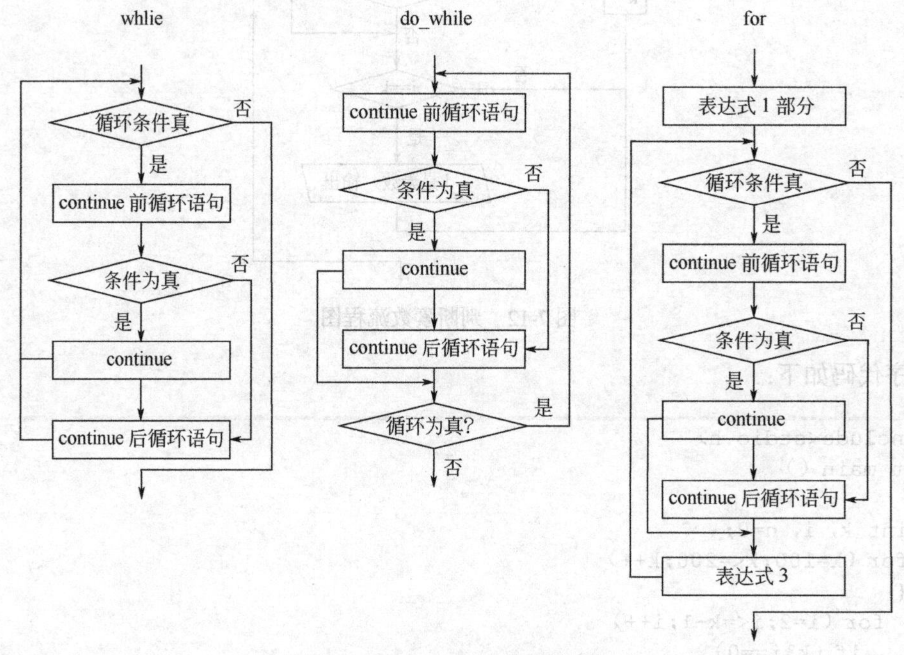

图 7-13 continue 语句流程图

【例 7.12】求整数 1～100 的累加值，但要求跳过所有个位为 3 的数。

分析：对 1～100 的整数进行判断，若对 10 求余，余数为 3，则继续判断下一个整数，否则累加求和。处理流程图如图 7-14 所示。

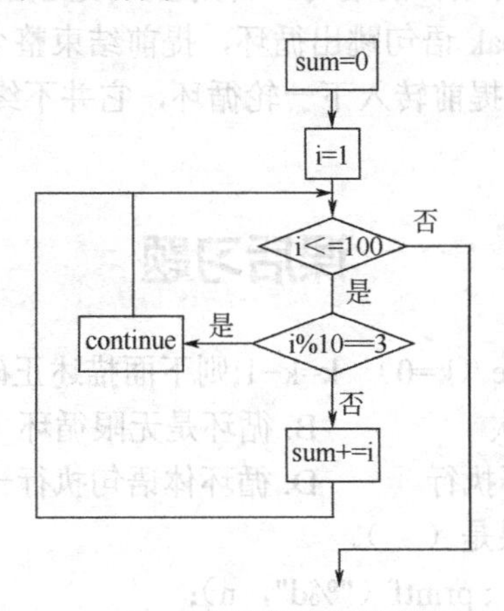

图 7-14　continue 在累加求和过程的流程图

程序代码如下：

```
#include<stdio.h>
int main ()
{
  int i, sum = 0;
  for (i=1; i<=100;i++)
  {
     if  ( i % 10 == 3)
       continue;
     sum += i;
  }
  printf ("sum = %d \n", sum) ;
  return 0;
}
```

程序运行结果为：

```
sum = 4570
```

7.8　本章小结

循环结构是结构化程序设计的主要结构之一，在许多实际问题中都用到了循环控制。本章主要讲述了 C 语言提供的三种循环语句：while 循环语句、do-while 循环语句和 for 循环语句的使用方法。while 循环和 for 循环的特点是先判断条件表达式是否成立，然后考虑是否执行循环体；do-while 循环的特点是先执行循环体，然后判断条件表达式是否成立，以决定是否再次执行循环体。

三种循环具有以下共同特点：

① 循环控制条件为真，则执行循环体；条件为假则结束循环。

② 循环体的语句可以是任何语句：空语句，简单语句，复合语句等。

③ 循环体中要有改变循环条件的语句，否则会形成死循环，无法结束程序。

④ 循环体中可以使用 break 语句跳出循环，提前结束整个循环过程；continue 语句终止本次循环体后续语句的执行，提前转入下一轮循环，它并不终止整个循环结构的运行过程。

课后习题

1. 有程序段 int k=10;while（k=0） k=k−1;则下面描述正确的是（ ）。

   A. while 循环执行 10 次　　B. 循环是无限循环

   C. 循环体语句一次也不执行　　D. 循环体语句执行一次

2. 下列程序段的运行结果是（ ）。

   int n=0; while（n++<3）; printf（"%d"，n）;

   A. 2　　B. 3　　C. 4　　D. 以上都不对

3. 下面程序的运行结果是（ ）。

```
int main()
{
    int y=10;
     do
     { y--;}
     while(--y);
     printf("%d\n", y--);
}
```

   A. −1　　B. 1　　C. 8　　D. 0

4. 有语句 int x=3; do { printf（"%d\n"，x−=2）;} while（!（−−x））;则上面程序段（ ）。

   A. 输出的是 1　　B. 输出的是 1 和−2

   C. 输出的是 3 和 0　　D. 是死循环

5. 下面有关 for 循环的正确描述是（ ）。

   A. for 循环只能用于循环次数已经确定的情况

   B. for 循环是先执行循环体语句，后判定表达式

   C. 在 for 循环中，不能用 break 语句跳出循环体

   D. for 循环体语句中，可以包含多条语句，但要用花括号括起来

6. 以下程序段的输出结果是（ ）。

```
int main()
{
    int i=5;
    for ( ;i<=15; )
    {
      i++;
      if (i%4==0)
        printf("%d ", i);
      else
```

```
        continue;
    }
    return 0;
}
```

A. 8 12 16　　B. 8 12　　C. 12 16　　D. 8

7. 以下程序输出结果为（　）。

```
int main ()
{
    int i, b, k=0;
    for (i=1;i<=5;i++)
    {
      b=i%2;
      while  (b-->=0)
      k++;
    }
    printf ("%d, %d\n", k, b) ;
    return0;
}
```

A. 3，−1　　B. 8，−1　　C. 3，0　　D. 8，−2

8. 以下程序段中循环体总的执行次数是（　）。

```
int i, j;
for (i=7;i;i--)
    for (j=0;j<6;j++)
    {……}
```

A. 42　　B. 21　　C. 13　　D. 36

9. 以下正确的描述是（　）。

A. continue 语句的作用是结束整个循环的执行

B. 只能在循环体内和 switch 语句内使用 break 语句

C. 在循环体内使用 break 语句和 continue 语句的作用相同

D. 从多层循环嵌套中退出时，只能使用 goto 语句

10. 以下不正确的描述是（　）。

A. break 语句不能用于循环语句和 switch 语句外的任何其他语句

B. 在 switch 语句中使用 break 语句或 continue 语句的作用相同

C. 在循环语句中使用 continue 是为了结束本次循环，而不是终止整个循环的执行

D. 在循环语句中使用 break 是为了使流程跳出循环体，提前结束循环

11. 某公司有人爱做善事，经常捐款捐物，而每次都只留公司名不留人名。一次该公司收到感谢信，要求找出此人。公司在查找过程中，听到以下六句话:

（1）这钱或者是赵风寄的，或者是孙海寄的;

（2）这钱如果不是王强寄的，就是张林寄的;

（3）这钱是李明寄的;

（4）这钱不是张林寄的;

（5）这钱肯定不是李明寄的;

（6）这钱不是赵风寄的，也不是孙海寄的。

事后证明，这六句话中有两句是假的，请根据以上条件，确定匿名捐款人。

12. 幼儿园有六个小朋友，一天，老师走进教室时，发现花瓶被打碎了。于是问六个小朋友是谁打碎的花瓶。

小一：是小六打碎的；

小二：小一说的对；

小三：小一、小二和我没有打碎花瓶；

小四：反正不是我；

小五：是小一打碎的花瓶，所以不可能是小二或小三；

小六：是我打碎的花瓶，小二是无辜的。

六个小朋友都很害怕，所以他们每个人说的话都是假话，那么是谁打碎了花瓶呢（不一定是一个人）？

13. 公司新进来一位女同事，长得非常漂亮，是个万人迷。全公司有 9 名同事都想追求她，据说她已经和这 9 个人中的 1 个正式开始交往了，只不过不想公开罢了。好事者纷纷向这 9 位同事打探消息，得到的回答分别是:

A: 这个人一定是 G，没错。

B: 我想应该是 G。

C: 这个人就是我。

D: C 最会装模作样，他在吹牛!

E: G 不是会说谎的人。

F: 一定是 I。

G: 这个人既不是我也不是 I。

H: C 才是她的男友。

I: 是我才对。

这 9 句话中，只有 2 个人说了实话。你能判断出谁才是这位漂亮女同事的男友吗?

14. 韩信有一队兵，他想知道有多少人，便让士兵排队报数：按从 1 至 5 报数，最末一个士兵报的数为 1；按从 1 至 6 报数，最末一个士兵报的数为 5；按从 1 至 7 报数，最末一个士兵报的数为 7；最后按从 1 至 11 报数，最末一个士兵报的数为 10。编程求韩信至少有多少兵。

第8章 数组

数组适用于解决批量数据问题。批量数据一般具有两个共同的特点：一是数量大，二是数据类型相同。当对这类数据进行存储和管理时，如果按照前面章节所讲的办法，势必要定义一大批的变量，显然不可行。为了更好地进行批量数据的处理，本章引入C语言中一个重要的数据类型——数组。

本章学习目标与要求：

① 理解数组的含义及数组在内存中的存放形式；

② 学会定义、使用、初始化一维数组、二维数组和字符数组；

③ 会根据批量数据的属性定义相应维的数组，并解决实际问题。

8.1 C语言数组的引入

8.1.1 为什么要使用数组

C语言的基本数据类型包括整型、实型和字符型，用一个简单变量去存放这些基本类型的数据，每个变量都有一个名字，在变量声明时系统会给它分配一个存储单元，通过变量名来实现数据的存取。前面各章我们使用的都是单个简单变量。

然而现实生活中我们也会遇到处理同一性质成批数据的问题。例如，我们要求输入10位同学的C语言成绩，求平均成绩并打印低于平均分的成绩，如果使用简单变量进行处理，首先我们就需要定义10个变量s1，s2，…，s10来存放每个人的成绩；其次，对这10个成绩求均值；最后，把10个成绩分别与均值比较，打印小于均值的成绩。程序代码可以描述如下：

```
#include<stdio.h>
int main( )
{
    float s1,s2,…,s10,ave;  /*定义10个变量存放成绩值,定义ave存放均值*/
    printf("Please input 10 scores:\n");
    scanf("%f,%f, …,%f",&s1,&s2, …,&s10);  /*输入10位同学成绩*/
    ave=(s1+s2+…+s10)/10.0;         /*计算10位同学平均值*/
    if (s1<ave)
        printf("%f\n",s1);  /*比较每一位同学的成绩值并输出小于均值的成绩*/
    if (s2<ave)
        printf("%f\n",s2);
```

```
        ...
        if (s10<ave)
            printf("%f\n",s10);
        return 0;
    }
```

从上面的代码描述可以看出，程序定义了 10 个变量存放 10 位同学的成绩，为了输出小于均值的分数又进行了 10 次比较，使用 10 个输出语句，导致程序代码冗长，效率降低。如果同学数量增大，这种方法显然不现实。

类似的问题就需要使用数组，数组可以使用数组名代表逻辑上相关的一批数据，用下标把数组名与这一批数据建立起联系，结合循环语句可以方便地对大批量数据进行处理，处理不同的数据对象，只需改变下标变量即可，非常方便。

8.1.2 数组的概念

数组属于构造数据类型。C 语言的构造类型还包括结构体、共用体和枚举类型。

数组是若干个数据类型相同的元素按一定顺序组成的集合。在程序设计中，数组是为了处理方便，把具有相同类型的若干变量按一定顺序组织起来的一种形式。即给若干个类型相同的变量起一个共同的名字，用顺序号区分它们，并一次性进行声明。其中这个名字称为**数组名**，顺序号称为**下标**。组成数组的各个变量称为数组的分量，也称为**数组元素**。一个数组的元素可以是基本数据类型也可以是构造数据类型。

数组的命名应符合标识符的书写规定，不能与其他标识符名字相同。

在内存中，数组均由连续的存储单元组成，最低地址对应于数组的第一个元素，最高地址对应于最后一个元素。

8.1.3 数组的三要素

数组具有元素类型、数组的维度和各维的长度**三要素**。只要三元素中有一个不同，即为不同的数组。

C 语言数组按照不同的方式可以分为以下几类。

① 按照元素的数据类型分为整型数组、字符数组、实型数组、结构体数组、共用体数组和指针数组等。

数组的类型是指数组元素的取值类型。对于同一个数组，其所有元素的数据类型都是相同的。

② 按照数组的维数分为一维数组、二维数组和多维数组等。

数组可以是一维的也可以是多维的。如图 8-1 所示，当需要表示 Rate 这一列数据时，可

Rate
1.5
3.2
0.09
45.3987

（a）一维数组

	语文	数学	科学
学员1	89	87	76
学员2	92	31	90
学员3	60	75	34
学员4	70	43	71

（b）二维数组

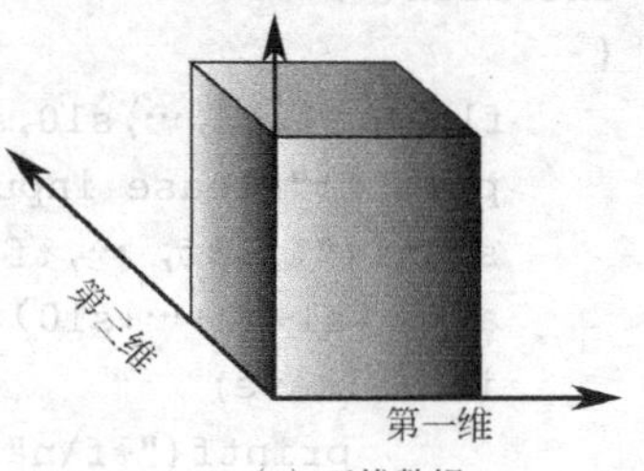

（c）三维数组

图 8-1　一维数组、二维数组和多维数组使用场景

以用一维表进行表示，C 语言中使用一维数组进行表示和处理；当表示四个学员以及对应的语文、数学和科学三科的成绩时，可以用一个二维表进行表示，C 语言中对应的要使用二维数组进行表示和处理；而当有三维数据要处理和表示时就要用到三维数组。

存储时数据是一个存储整体，操作时数组元素又是一个个独立的变量，除初始化外不允许对数组进行整体操作。

8.2 一维数组

数组的维数是指数组使用的下标个数，如果数组中每个元素只有一个下标，称为一**维数组**。

8.2.1 一维数组的定义

在使用一个数组前，必须对该数组进行定义。一维数组的定义形式为：

类型名 数组名[常量表达式];

其中各部分含义如下：

① “类型名”是数组中数据元素的类型，可以为基本数据类型，也可以为复合型的数据类型。例如：int count[13];表示声明了一个整型数组，数组名为 count，该数组有 13 个元素，用 count[0]，count[1]，…，count[12]来表示，这 13 个元素均为整型。

② 数组名的命名符合 C 语言标识符的命名规则。

③ “常量表达式”用来指定数组的长度,可以是整型常量或符号常量，也可以是整型常量表达式，但不能是变量或表达式。在程序中，不能先对一个整型变量赋值，然后用这个变量作为数组元素的个数。

【例 8.1】

```
#define N 50
int n=10;
int a[N];          /*正确，因为 N 是符号常量*/
int b[N+1];        /* 正确，因为 N+1 是整型常量表达式*/
int c[n];          /*错误，因为 n 是变量*/
int d[ ];          /*错误，不能在定义时不指定数组的大小*/
int s[n+1];        /*错误，因为 n+1 是变量表达式*/
```

④ “[ ]”是数组的标志，不能省略。在数组定义、初始化和引用数组元素时都要使用。

8.2.2 一维数组的存储

数组在定义后，编译器会根据数组元素个数和数据类型给数组分配相应的存储空间。由于同一数组中的所有数据元素在内存的存储是连续的，在编译阶段，系统会根据数组的类型、维数和长度计算出所需空间，并分配存储空间。数组所占内存空间的计算公式如下：

数组所占内存空间=sizeof(数组元素类型)×数组的维数×数组各维的长度

在 VC++6.0、CodeBlocks 环境下，每个 int 型元素占 4 个字节内存空间。例如，声明数组 int a[10]；则数组 a 所占的内存空间计算如下：

sizeof(int)×1×10=4×10=40（字节）

如图 8-2 所示，数组名 a 为数组首地址，一维数组的 10 个元素存放在 40 个字节的连续内存空间内。数组一旦声明并分配了内存空间后，数组名就成为一个地址常量。

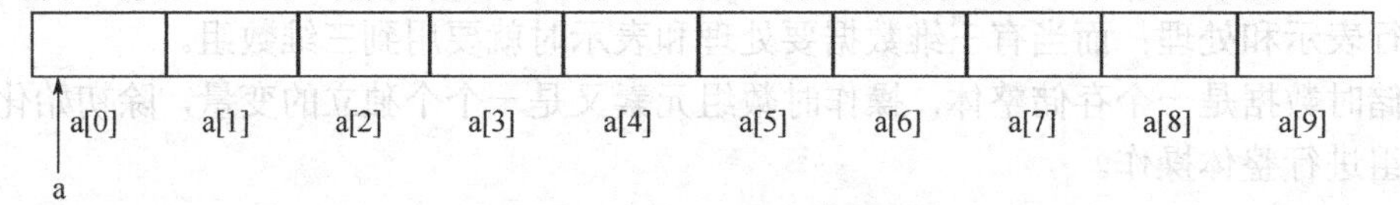

图 8-2　一维数组存储结构

在编译阶段，系统会自动计算数组所占的内存空间并自动分配，因此在定义数组时，数组的长度必须固定。

8.2.3　一维数组的初始化

数组的初始化是在使用数组之前给数组元素赋一个确定的值。数组元素在定义后不给元素赋值，其元素是不定值，不能引用。一维数组的初始化可以在数组声明时初始化元素，也可以利用循环使用赋值语句初始化。

（1）数组声明时初始化

数组元素声明时的赋值有两种方式，可以在声明时一次性给全部元素赋值，也可以声明时给部分元素赋值。这两种赋值方式使数组在编译阶段得到初值。数组初始化赋值的一般形式为：

类型名 数组名[常量表达式]={值，值，…，值}；

类型名为数组元素的类型和数组定义中的含义相同。{ }之间的值即为各元素的值，各值之间用逗号分隔。

① 声明时给数组的全部元素赋值。

【例 8.2】 一次性给数组元素赋值。

```
int a[5]={0,1,2,3,4};
/*一次性给数组 a 的五个元素赋值，即 a[0]=0，a[1]=1，…，a[4]=4*/
int a[]={0,1,2,3,4};
/*如果一次性给全部元素赋值，可以不指定数组的长度*/
```

② 声明时给数组的部分元素赋值。

【例 8.3】 声明时给部分元素赋值。

```
int a[5]={0,1,2};  /*表示数组的前三个元素的值分别为 0,1,2，后面的元素系统自动赋值为 0*/
```

声明时不能初始化多于数组元素的值。如果数组的初始化值多于数组元素的个数，则会出现编译错误。

```
int a[3]={1,2,3,4};  /*编译错误*/
```

（2）使用赋值语句初始化

使用赋值语句对数组元素初始化是在程序执行过程中实现的，事先必须先声明该数组。对于数据量比较小的数组，可以按照普通变量处理数组元素，单独对某个元素赋值。

【例 8.4】 单独对某个数组元素赋值。

```
int a[10];
/*声明含有 10 个元素的整型数组 a*/
a[0]=0;a[2]=2;a[9]=9;
/*分别使用赋值语句对第 1、3、10 个元素赋值*/
```


对于数据量比较大的数组，则可以结合循环语句来进行赋值。

【例 8.5】用循环语句对数组元素赋值。

```
int k, b[20];
for (k=0;k<20;k++)
     b[k]=2;              /*对数组中 20 个依次元素赋初值为 2*/
```

8.2.4 一维数组元素的引用

数组必须先声明，后使用。声明之后的数组元素才能够进行引用。数组不能整体引用，引用数组元素的本质是把数组元素看作简单变量。

数组元素是数组的基本单元，数组元素通过下标法引用。引用形式如下：

数组名[下标值]

例如：

int count [10];

正确的引用形式：

count[0]、count[4+5]、count['a'-96]、count[i];

错误的引用形式：

count[13]、count[3.5/2];

① 下标值必须是[0，定义的长度-1]范围内的整型常量或整型表达式。数组 count 的第一个元素记为 count[0]，第 i 个元素记为 count[i-1]，最后一个元素记为 count[9]。

引用数组元素时，下标不能越界，但C语言并不自动检测下标是否越界，数组两侧的下标越界都有可能造成其他存储单元的数据被破坏。数组下标越界结果难以预料，可以导致覆盖程序区造成程序功能异常，甚至崩溃；覆盖数据区造成数据覆盖破坏，操作系统被破坏，甚至系统崩溃。

C 语言中程序的代码区和数据区分开存放，这样可以尽量减少数据越界对程序代码的破坏。数组下标越界的工作必须由程序员完成，编写程序时保证数组下标不越界十分重要。

② 数组元素通常也称为下标变量。必须先定义数组，才能使用下标变量。

数组元素本身可以看作是同一个类型的单个变量，因此对变量可以进行的操作同样也适用于数组元素。也就是数组元素可以在任何相同类型变量可以使用的位置引用。

③ 数组名不代表任何元素，只能逐个地使用下标变量，不能一次引用整个数组。

8.2.5 一维数组的应用

【例 8.6】计算 10 名考生成绩的平均值，输出低于均值的成绩。

分析：第一步，定义一个数组用来存入考生成绩；第二步，通过一个循环语句对数组元素赋初值并求均值；第三步，利用循环语句嵌套条件语句求小于均值的成绩并输出。

程序源代码如下：

```
#include<stdio.h>
#define N 10
int main( )
{
  float s[N];            /*声明数组 s 存放 10 个学生成绩*/
  float sum, ave=0.0;  /*sum 为和，ave 为平均分*/
  int i;                /*循环变量*/
  printf("Please input 10 scores:\n");
```

```
    for(i=0, sum=0.0; i<N; i++)    /*输入10个数并求和*/
    {
      scanf("%f",&s[i]);
      sum+=s[i];
    }
    ave=sum/10.0;
    printf("The average score is: %.2f \n",ave);  /*输出平均值*/
    for(i=0; i<N; i++)     /*求小于平均值的成绩并输出*/
    {
      if(s[i]<ave)
        printf("The %dth student score is: %.1f \n",i+1,s[i]);
    }
    return 0;
}
```

输出结果为：

```
Please input 10 scores:
35.5 63 56 78.5 66 98 93 89 65.5 56
The average score is: 70.05
The 1th student score is: 35.5
The 2th student score is: 63.0
The 3th student score is: 56.0
The 5th student score is: 66.0
The 9th student score is: 65.5
The 10th student score is: 56.0
```

【例 8.7】五个小朋友围成一圈分糖果，老师分给第一个小孩10块，第二个小孩14块，第三个小孩8块，第四个小孩22块，第五个小孩16块。然后所有的小孩同时将手中的糖分一半给右边的小孩，糖块数为奇数的人向老师要一块后再分。经过这样几次后大家手中的糖的块数一样多？每人各有多少块糖？

分析：该题有两种方法可以求解，第一种方法用变量解决，第二种方法采用数组解决。

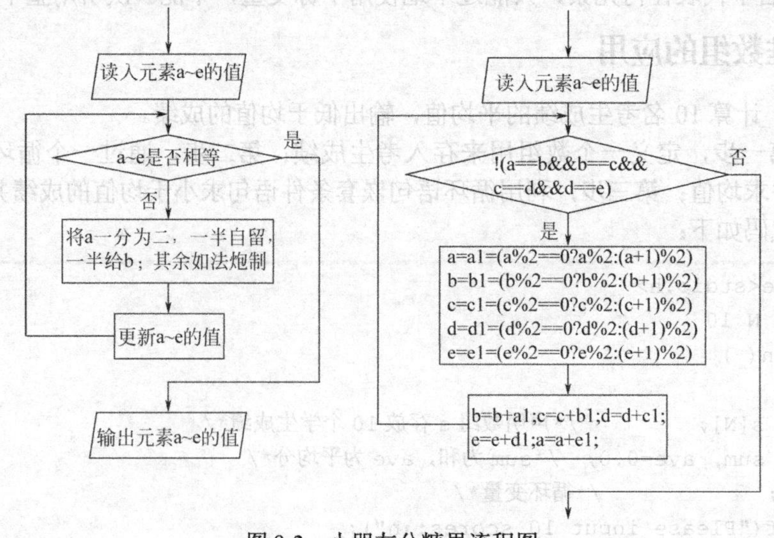

图 8-3　小朋友分糖果流程图

第一种方法分为以下几步：第一步，声明变量 a~e 分别存储每个小朋友初始糖果数；第二步，分糖果，每个小朋友分出自己手中的糖果给右边的小朋友的糖果数 a1~e1；第三步，判断每个小朋友糖果数是否相等，如果相等则结束，输出糖果数；否则，转第二步，其流程图如图 8-3 所示。

其源代码如下：

```
#include<stdio.h>
int main( )
{
  int a=10,b=14,c=8,d=22,e=16;    /*初始糖果数*/
  int a1,b1,c1,d1,e1;             /*分给右边小朋友的糖果数*/
  int count=0;                    /*计算轮次*/
  printf("round   1   2   3   4   5   \n");
  printf("%5d%4d%4d%4d%4d%4d\n",count,a,b,c,d,e);
  while(!(a==b&&b==c&&c==d&&d==e))/*判断小朋友糖果数是否相同*/
  {
   a=a1=(a%2==0?a/2:(a+1)/2);
   b=b1=(b%2==0?b/2:(b+1)/2);
   c=c1=(c%2==0?c/2:(c+1)/2);
   d=d1=(a%2==0?d/2:(d+1)/2);
   e=e1=(e%2==0?e/2:(e+1)/2);
   b=b+a1;
   c=c+b1;
   d=d+c1;
   e=e+d1;
   a=a+e1;
   count++;
   printf("%5d%4d%4d%4d%4d%4d\n",count,a,b,c,d,e);
  }
  return 0;
}
```

运行结果为：

```
round   1   2   3   4   5
    0  10  14   8  22  16
    1  13  12  11  15  19
    2  17  13  12  14  18
    3  18  16  13  13  16
    4  17  17  15  14  15
    5  17  18  17  15  15
    6  17  18  18  17  16
    7  17  18  18  18  17
    8  18  18  18  18  18
```

第一种在人数较多时，需要定义更多的变量，不方便管理。所以引入数组来解决该问题。把多个同类型的变量 a~e 转换为 sweet 数组进行操作，a1~e1 转换为 temp 数组进行操作。用 for 循环控制每个数组元素的改变。

其源代码如下：

```
#include<stdio.h>
int main()
{
  int sweet[5]={10,14,8,22,16};  /*保存每个小朋友初始糖果数*/
  int temp[5];        /*临时保存每个小朋友每次分出去的糖果数*/
  int i,j,k,flag,count=0;      /*count 存放分糖轮次*/
  printf("Round   1    2    3    4    5 \n");
  printf("  %2d",count++);
  for(k=0;k<5;k++)
    printf("  %3d",sweet[k]);
  printf("\n");
  flag=1;            /*标记糖果数是否相等，相等则为 0*/
  while(flag)
  {
    for(i=0;i<5;i++)
      if(sweet[i]%2==0)  /*小朋友手中的糖果数为偶数分出一半糖果*/
        temp[i]=sweet[i]=sweet[i]/2;
      else /*小朋友手中的糖果数为奇数问老师多要一个再分出一半糖果/
        temp[i]=sweet[i]=(sweet[i]+1)/2;
    for(j=0;j<4;j++)  /*计算后四位小朋友新的糖果数*/
      sweet[j+1]=sweet[j+1]+temp[j];
    sweet[0]=sweet[0]+temp[4];
    printf("%4d",count++);
    for(k=0;k<5;k++)
      printf("%5d",sweet[k]);
    printf("\n");
    for(i=1;i<5;i++)  /*判断每个小朋友糖果数是否相等*/
      if(sweet[0]!=sweet[i])
        { flag=1;break;}
      else
        flag=0;
  }
  return 0;
}
```

运行结果为:

```
Round  1    2    3    4    5
  0   10   14    8   22   16
  1   13   12   11   15   19
  2   17   13   12   14   18
  3   18   16   13   13   16
  4   17   17   15   14   15
  5   17   18   17   15   15
  6   17   18   18   17   16
  7   17   18   18   18   17
  8   18   18   18   18   18
```

【例 8.8】将一个长度为 N 的一维数组中的元素逆序重新存放，操作时只能借助于一个临时的存储单元。

分析：要只借助一个临时单元逆序存放长度为 N 的数组，此处需要声明两个变量 i 与 j，分别标记互换的前边元素和后边元素的下标。第一步，先把第一个即下标为0的元素与最后一个即下标为N-1的元素交换，之后i+1，j-1；第二步，把第二个即下标为1的元素与倒数第二个元素即下标为N-2的元素进行交换，之后i+1，j-1；以此类推，直到i≥j时停止。这里有两种情况，数组如果有奇数个元素，则 i=j 时停止交换；如果有偶数个元素，i>j 时停止交换。最后输出排序后的数组。具体的流程如图 8-4 所示。

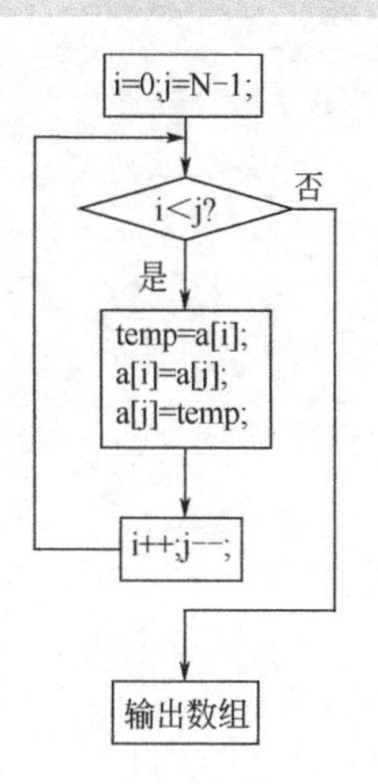

图 8-4 逆序存放数组流程图

其源代码如下：

```
#include<stdio.h>
#define N 5
int main(){
  int i,j,temp, a[N]={1,3,5,7,9} ;
  printf("原来数组:\n");
  for(i=0;i<N;i++)
    printf("%d ",a[i]);
  printf("\n");
  for(i=0,j=N-1;i<j;i++,j--)
    { temp=a[i]; a[i]=a[j]; a[j]=temp; }
  printf("调整后的数组:\n");
  for(i=0;i<N;i++)
    printf("%d ",a[i]);
  printf("\n");
  return 0;
}
```

运行结果为：

```
原来数组:
1 3 5 7 9
调整后的数组:
9 7 5 3 1
```

【例 8.9】使用“冒泡法”对长度为 N 的一维数组中的元素进行排序，要求按照从小到大的顺序排列。

分析：冒泡法的思路是比较相邻两个数，将大的调到后头。第一趟排序需要找出一个最大的放在最后，即下标为 N-1 的位置，共需要进行 N-1 次比较；第二趟排序需要找出一个次大的放在下标为 N-2 的位置，共需要进行 N-2 次比较；以此类推，直到最小的数排在第一位。对 N 个数要比较 N-1 趟，才能使 N 个数按大小顺序排列。在第一趟中要进行两个数之间的比较共 N-1 次，在第二趟中比 N-2 次，……,第 N-1 趟比 1 次。其流程图如图 8-5 所示。

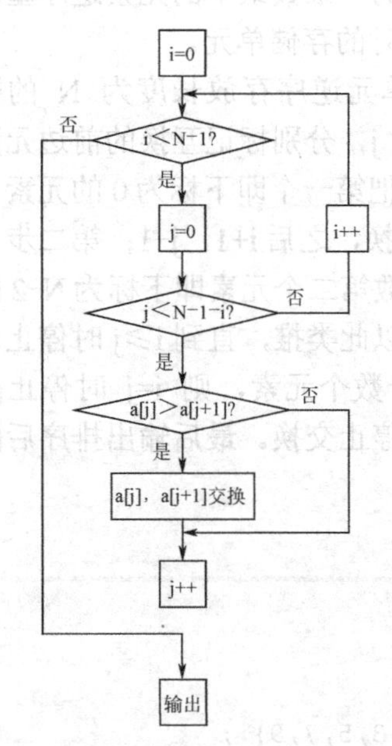

图 8-5 “冒泡法”排序流程图

其源代码如下：

```
#include<stdio.h>
#define N 10
int main()
{
  int a[N],temp, i,j;
  printf("Enter 10 integer number:");
  for(i=0;i<N;i++)
    scanf("%d",&a[i]);      /*输入需要比较的数*/
  for(i=0;i<N;i++)
    printf("%2d  ",a[i]);    /*输出原始数组元素*/
  printf("\n");
  for(i=0;i<N-1;i++)          /*控制N-1趟比较*/
    for(j=0;j<N-1-i;j++)      /*控制每一趟比较次数*/
      if(a[j]>a[j+1])         /*进行数据比较，然后交换*/
      {temp=a[j];a[j]=a[j+1];a[j+1]=temp; }
  for(i=0;i<10;i++)
    printf("%2d  ",a[i]);     /*输出排序后的数组元素*/
  printf("\n");
  return 0;
}
```

运行结果为：

```
Enter 10 integer number:12 24 5 67 89 4 32 19 3 88
12  24   5  67  89   4  32  19   3  88
 3   4   5  12  19  24  32  67  88  89
```

8.3 二维数组

如果数组中每个元素带有两个下标，称这样的数组为二维数组。

8.3.1 二维数组的引入——摘水果竞赛

【例 8.10】如表 8-1 所示，某果园要举行摘水果比赛，参赛选手分别是小明（2011），小强（2012）和小梅（2013），比赛规则是：一共有三场比赛，每场比赛各 30min，分别摘葡萄、鸭梨和桃子。以摘得水果总重量为比赛依据，编写一个程序计算比赛的名次。

表 8-1 摘水果竞赛表

选手	葡萄/kg	鸭梨/kg	桃子/kg	总量/kg
2011	57	68	40	?
2012	60	83	72	?
2013	40	56	69	?

分析：按照题目和表 8-1 的数据，我们可以利用 8.2 节所讲的一维数组解决该问题。首先定义 a[5]、b[5]、c[5]三个一维数组，每个数组按照下标依次存放小明、小强、小梅的编号，三种水果重量和总量信息，然后分别计算每位选手摘的水果的总量，最后通过比较 a[4]、b[4]、c[4]的大小对选手进行排序。

若有 n 位参赛选手，则需要声明 n 个一维数组，分别存储三种水果重量和总重量，最后对选手的采摘总量进行排序。这样处理起来也是比较麻烦。从表格的数据可以看到，除了行上面的关系，还具有了列上面的关系，从而形成二维表，就可以用二维数组来解决该问题。

该问题还可以抽象为一个 3 行 5 列的二维数组，每一行表示一位选手信息，每列分别表示三种水果的重量和总重量，最后通过比较每一行最后一列来求得比赛名次。

其源代码如下：

```
#include<stdio.h>
#define M 3
#define N 5
int main()
{
  int i,j,k,temp,s[M][N]={{2011,57,68,40,0}, {2012,60,83,72,0},
                          {2013,44,56,69,0} };   /*定义并初始化二维数组*/
  for(i=0;i<M;i++)
    for(j=1;j<N-1;j++)
      s[i][N-1]=s[i][N-1]+s[i][j]; /*每位选手水果重量并存入每行最后一列*/
  for(i=0;i<M-1;i++)
    for(j=0;j<M-1-i;j++)
      if(s[j][N-1]<s[j+1][N-1])    /*比较水果总重量并排序*/
        for(k=0;k<N;k++)
        {
          temp=s[j][k];
```

```
                s[j][k]=s[j+1][k];
                s[j+1][k]=temp;
            }
    printf("名次 号码 葡萄 鸭梨 桃子 总量\n");
    for(i=0;i<M;i++)
        printf("%3d%5d%5d%5d%5d%5d\n",i+1,s[i][0],s[i][1],s[i][2],s[i][3],s
[i][4]);
    return 0;
}
```

该程序运行结果为：

```
名次 号码 葡萄 鸭梨 桃子 总量
  1 2012   60   83   72  215
  2 2013   44   56   69  169
  3 2011   57   68   40  165
```

8.3.2 二维数组的定义

8.2 节介绍的一维数组只有一个下标，其数组元素称为单下标变量。在实际问题中有很多量是二维的或多维的，因此C语言允许构造多维数组。多维数组元素有多个下标，以标识它在数组中的位置，所以也称为多下标变量。二维数组定义的一般形式是：

类型说明符 数组名[常量表达式 1][常量表达式 2];

其中常量表达式 1 表示第一维下标的长度，常量表达式 2 表示第二维下标的长度。定义中除了多了一个方括号和常量表达式外，其余要求与一维数组相同。例如：语句 int a[3][4];声明了一个三行四列的数组，数组名为 a，其数组元素为整型。该数组共有 3×4 个元素，即：

a[0][0], a[0][1], a[0][2], a[0][3]

a[1][0], a[1][1], a[1][2], a[1][3]

a[2][0], a[2][1], a[2][2], a[2][3]

C 语言中，二维数组可以看作是由一维数组嵌套而构成的，可以把二维数组看作是特殊的一维数组，即它的元素又是一维数组。也就是说，二维数组是由一维数组作为元素构成的数组，前提是各元素类型必须相同。

定义了上述的二维数组后，可以把 a 看作是一个一维数组，它有 3 个元素：a[0]、a[1]、a[2]，每个元素又是包含 4 个元素的一维数组，a[0]的 4 个元素是 a[0][0]、a[0][1]、a[0][2]、a[0][3]，a[1]的 4 个元素是 a[1][0]、a[1][1]、a[1][2]、a[1][3]。必须强调的是，a[0]、a[1]、a[2]不能当作下标变量使用，它们是数组名，不是一个单纯的下标变量。

逻辑上可以把二维数组看成是一个矩阵，常量表达式 1 看成是矩阵的行数，常量表达式 2 看成是矩阵的列数。数学中常用二维数组表示数学矩阵，例如线性方程的系数，图论中用矩阵表示图的点边关系等。

C 语言多维数组是以一维数组为基础，如把三维数组定义成二维数组的数组。例如，double a[2][3][4],其元素是两个二维数组，即 a[0]、a[1]都是一个 3 行 4 列的二维数组。

多维数组定义的一般形式是：

类型说明符 数组名[常量表达式 1][常量表达式 2]…[常量表达式 n];

定义中除了多了方括号和常量表达式外，其余要求与一维数组相同。

8.3.3　二维数组的存储

二维数组在概念上是二维的，其下标在两个方向上变化，下标变量在数组中的位置也处于一个平面之中，而不是像一维数组只是一个向量。实际的硬件存储器是连续编址的，也就是说存储器单元是按一维线性排列的。如何在一维存储器中存放二维数组呢？一般有两种方式：一种是按行排列，即存入一行之后顺次放入第二行；另一种是按列排列，即存入一列之后再顺次放入第二列。

在 C 语言中，二维数组是按行排列的。在如上例中的数组 a，按行顺次存放，先存放 a[0]行，再存放 a[1]行，最后存放 a[2]行。每行中有四个元素也是依次存放。二维整型数组 a[3][4]的存储示意图如图 8-6 所示。

a[0][0]	a[0][1]	a[0][2]	a[0][3]	a[1][0]	a[1][1]	a[1][2]	a[1][3]	a[2][0]	a[2][1]	a[2][2]	a[2][3]

图 8-6　二维整型数组存储示意图

由于数组 a 说明为 int 类型，该类型占 4 个字节的内存空间，所以每个元素均占有 4 个字节，该数组所占的内存空间为：

Sizeof (int)×行数×列数=4×3×4=48（字节）

8.3.4　二维数组的初始化

二维数组初始化也是在类型说明时给各下标变量赋以初值。二维数组的初始化与一维数组类似，可以在声明时对数组元素初始化，也可以利用循环使用赋值语句初始化。

（1）数组声明时初始化

二维数组可按行分段赋值，也可按行连续赋值。例如对数组 a[3][4]:

① 按行分段赋值。

int a[3][4] ={{80,75,92,67}, {61,65,71,56}, {59,63,70,89}};

也可以只对部分元素赋初值，未赋初值的元素自动取 0 值。

例如：int b[3][3]={{1},{2},{3}};是对每一行的第一列元素赋值，未赋值的元素取 0 值。赋值后各元素的值为：1，0，0；2，0，0；3，0，0。

int c[3][3]={{0,1},{0,0,2},{3}};赋值后的元素值为 0，1，0；0，0，2；3，0，0。

② 按行连续赋值。

int a[3][4]= { 80, 75 ,92, 67, 61, 65, 71, 56, 59, 63, 70, 89};

这两种赋初值的结果对于数组 a 是完全相同的。如对全部元素赋初值，则第一维的长度可以不给出。

例如：static int a[3][3]={1,2,3,4,5,6,7,8,9}; 可以写为：

static int a[][3]={1,2,3,4,5,6,7,8,9};

（2）利用循环使用赋值语句初始化

与一维数组类似，使用赋值语句对数组元素初始化是在程序执行过程中实现的，事先必须先声明该数组。一维数组利用循环语句初始化数组元素使用的是一重循环，而二维数组使用循环语句初始化就要使用二重循环。

例如，初始化二维数组 int a[3][4];需要使用下面的形式。

```
for(i=0;i<3;i++)
```

```
    for(j=0;j<4;j++)
        a[i][j]=1;
```

利用上面的语句把二维数组的每个元素的值都初始化为1。

8.3.5　二维数组的引用

二维数组的元素也称为双下标变量，其表示的形式为：

数组名[下标][下标]

其中下标应为整型常量或整型表达式。例如：a[3][4]表示a数组第4行第5列的元素。对于二维数组需要将下标分别放在两个方括号中。

数组定义和数组元素引用在形式上有些相似，但这两者具有完全不同的含义。数组定义 int a[3][4]中方括号中给出的是某一维的长度；而数组元素引用 a[2][3]中的下标是该元素在数组中的位置标识。前者只能是常量，后者可以是常量、变量或表达式。数组元素的最大下标总比声明的长度少1。

8.3.6　二维数组的应用

【例8.11】假如有如下矩阵，求矩阵中各行各列之和及矩阵总和。

$$\begin{pmatrix} 12 & 4 & 6 \\ 8 & 23 & 3 \\ 15 & 7 & 9 \\ 2 & 5 & 17 \end{pmatrix}$$

分析：该题给定的是一个 4×3 的矩阵，需要分别计算各行之和、各列之和，因此声明一个5×4的矩阵，增加的行和列分别存储各列之和及各行之和。

其源代码如下：

```
#include <stdio.h>
int main( )
{
  int x[5][4],i,j;
  printf("请输入矩阵：\n");
  for(i=0;i<4;i++)
    for(j=0;j <3;j++)
      scanf("%d",&x[i][j]);
  for(j=0;j<3;j++)
    x[4][j]=0;/*初始化最后一行的值为0*/
  for(i=0;i<5;i++)
    x[i][3]=0;/*初始化最后一列的值为0*/
  for(i=0;i<4;i++)
    for(j=0;j<3;j++)
    {
      x[i][3]+=x[i][j];  /*计算第 i+1 行的和*/
      x[4][j]+=x[i][j];  /*计算第 j+1 列的和*/
      x[4][3]+=x[i][j];  /*计算行列总和*/
    }
    printf("计算后的矩阵：\n");
```

```
    for(i=0;i<5;i++)   /*输出计算后的矩阵*/
    {
      for(j=0;j<4;j++)
        printf("%5d\t",x[i][j]);
      printf("\n");
    }
    return 0;
}
```

运行结果为：

```
请输入矩阵：
12 4 6 8 23 3 15 7 9 2 5 17
计算后的矩阵：
   12     4     6    22
    8    23     3    34
   15     7     9    31
    2     5    17    24
   37    39    35   111
```

【例 8.12】如表 8-2 所示，一个学习小组有 5 个人，每个人有三门课的考试成绩。求全组分科的平均成绩和各科总平均成绩。

表 8-2　学习小组成绩表

姓名	Math	C	Java
张	80	79	92
王	61	70	71
李	59	63	82
赵	85	88	90
周	86	77	85

分析：可设一个二维数组 a[5][3]存放五个人三门课的成绩。再设一个一维数组 v[3]存放所求得各分科平均成绩，设变量 k 为全组各科总平均成绩。其源代码如下：

```
#include<stdio.h>
int main()
{
  int i,j;
  double a[5][3],v[3],s=0.0,k;
    /*a[5][3]五人三门课成绩,v[3]各科平均成绩,k全组总平均成绩*/
  for(i=0;i<3;i++)
  {
    if (i==0)
      printf("input Math score\n");
    else if (i==1)
```

```
        printf("input C score\n");
          else
            printf("input Java score\n");
      for(j=0;j<5;j++)
      {
        scanf("%lf",&a[j][i]);  /*输入每人该科成绩*/
        s=s+a[j][i];  /*计算该科总成绩*/
      }
      v[i]=s/5.0;      /*求该科平均成绩*/
      s=0.0;          /*s 归零,计算下一科*/
    }
    k=(v[0]+v[1]+v[2])/3.0;
    printf("Math:%.2lf\nC:%.2lf\nJava:%.2lf\n",v[0],v[1],v[2]);
    printf("total:%.2lf\n",k);
    return 0;
  }
```

该程序分为以下几步：首先用了一个双重循环，在内循环中依次读入某一门课程的各个学生的成绩，并把这些成绩累加；退出内循环后再把该累加成绩除以 5 送入数组 v 中，得到该门课程的平均成绩，外循环共循环三次，分别求出三门课各自的平均成绩并存放在数组 v 之中。其次，退出外循环之后，把 v[0], v[1], v[2]相加除以 3 即得到各科总平均成绩。最后按题意输出各个成绩。

运行结果为：

```
input Math score
80 61 59 85 86
input C score
79 70 63 88 77
input Java score
92 71 82 90 85
Math:74.20
C:75.40
Java:84.00
total:77.87
```

8.4 字符数组与字符串

C 语言程序设计中，char 类型的变量只能存放一个字符，使用的范围非常受限，但字符串的使用却随处可见。C 语言中没有专门的数据类型来定义字符串，而是利用字符数组来处理字符串。

8.4.1 字符数组与字符串

字符数组是数组元素类型为字符型的数组，是专门用来存放字符或字符串的。

字符数组类型定义的形式与前面介绍的数值数组相同。例如：char c[10]; 定义了一个长度为 10 的字符型数组。由于字符型和整型通用，也可以定义为 int c[10]；但这时每个数组元素占 4 个字节的内存单元，但前者每个数组元素却只占一个字节内存。

字符数组的赋值方式有两种方式：逐个字符赋值和使用字符串常量赋值。

（1）逐个字符赋值

字符数组允许在类型说明时作初始化赋值。例如：

char c[10]={'C',' ','p','r','o','g','r','a','m'};

赋值后各数组元素的值为：c[0]='C'，c[1]=''，c[2]='p'，c[3]='r'，c[4]='o'，c[5]='g'，c[6]='r'，c[7]='a'，c[8]='m'，其中 c[9]未赋值，由系统自动赋予 0 值，它是编码为 0 的字符，称为"空字符"，用'\0'表示。它既不是空格字符（其 ASCII 码为 32），也不是'0'字符（其 ASCII 码为 48）。数组在内存中的存放如图 8-7 所示。

c[0]	c[1]	c[2]	c[3]	c[4]	c[5]	c[6]	c[7]	c[8]	c[9]
C		p	r	o	g	r	a	m	\0

图 8-7　一维字符数组 c 在内存中的存放形式

当对全体元素赋初值时也可以省去长度说明，未指定数组长度，则长度等于初值个数。例如： char d[]={'C',' ','p','r','o','g','r','a','m'};这时 d 数组的长度自动定为 9。在内存中的存放形式如图 8-8 所示。

d [0]	d[1]	d[2]	d[3]	d[4]	d[5]	d[6]	d[7]	d[8]
C		p	r	o	g	r	a	m

图 8-8　一维字符数组 d 在内存中的存放形式

也可以在声明数组后，使用赋值语句逐个元素赋值。

（2）用字符串常量赋值

使用字符串常量赋值时需要把赋值的字符串用双引号引起来。例如：

char c[]={"C program"};

或去掉{}写为：

char c[]="C program";

字符串是由双引号引起来的多个字符，字符串总是以'\0'作为串的结束符。因此当把一个字符串存入一个数组时，也把结束符'\0'存入数组。用字符串方式赋值比用字符逐个赋值要多占一个字节，用于存放字符串结束标志'\0'。上面的数组 c 在内存中的实际存放情况为：C program'\0'，'\0'是由 C 编译系统自动加上的。由于采用了'\0'标志，因此在用字符串赋初值时一般无须指定数组的长度，而由系统自行处理。在采用字符串方式后，字符数组的输入输出将变得简单方便。

实际上，字符串是以'\0'结尾的字符数组。

字符数组也可以是二维或多维数组，例如：char c[5][10]；即为二维字符数组。

【例 8.13】二维字符数组的使用。

```
#include <stdio.h>
int main()
{
  int i,j;
  char a[][5]={{'B','A','S','I','C',},{'d','B','A','S','E'}};
```

```
    for(i=0;i<=1;i++)
    {
      for(j=0;j<=4;j++)
        printf("%c",a[i][j]);
      printf("\n");
    }
    return 0;
}
```

本例的二维字符数组由于在初始化时全部元素都赋以初值，因此一维下标的长度可以不加以说明。

8.4.2 字符数组的输入与输出

除了上述用字符串赋初值的办法外，还可用 scanf 函数和 printf 函数对字符串数组赋初值，使用这两个函数对字符数组进行输入与输出一般采用两种方法：

（1）用"%c"格式符逐个字符输入/输出

例如： int i; char c[6];

通过循环语句结合"%c"格式符逐个字符输入/输出字符数组。

```
for(i=0;i<6;i++)   scanf("%c",&c[i]);
for(i=0;i<6;i++)   printf("%c",c[i]);
```

按照这种方法使用的字符数组系统不会自动加字符串结束标志'\0'，如果字符数组要作为字符串使用，就要通过赋值语句加上结束标志'\0'。

（2）用"%s"格式符整个字符串输入/输出

一次性输入/输出一个字符数组中的字符串，而不必使用循环语句逐个地输入/输出每个字符。例如：

```
char st[15]= "C program";
scanf("%s",st);
printf("%s\n",st);
```

需要注意的是：

① 输出时，遇到'\0'结束，且输出字符不包含'\0'。

② "%s"输出字符串时，printf 函数使用的是字符数组名，不是元素名。

③ "%s"输出字符串时，数组长度大于字符串长度，遇到第一个'\0'就会结束。

例如：

```
char st[15]= "C program";
printf("%s\n",st);   /*只输出9个字符*/
```

④ 输入的字符串长度必须小于定义数组长度，以留出一个字节用于存放字符串结束标志'\0'。

⑤ 对一个字符数组，如果不作初始化赋值，则必须说明数组长度。

⑥ 当用 scanf 函数输入字符串时，字符串中不能含有空格，否则将以空格作为串的结束符。

```
#include <stdio.h>
int main()
{
    char st1[12];
    printf("input string:\n");
    scanf("%s",st1);
    printf("%s \n",st1);
    return 0;
}
```

运行结果为：

```
input string:
This is a book
This
```

上述代码运行时，如果输入“This is a book”程序不能正常输出这句话，只能输出空格前的第一个字符串。如果要对这句话进行正确的输入与输出，需要按如下方法进行程序改写。

【例8.14】同时输入多个字符数组。

```
#include <stdio.h>
int main()
{
  char st1[5],st2[5],st3[5],st4[5];
  printf("input string:\n");
  scanf("%s%s%s%s",st1,st2,st3,st4);
  printf("%s %s %s %s\n",st1,st2,st3,st4);
  return 0;
}
```

运行结果为：

```
input string:
This is a book
This is a book
```

本程序分别设了四个数组，输入的一行字符的空格分段分别装入四个数组。然后分别输出这四个数组中的字符串,如图8-9所示。

T	h	i	s	\0
i	s	\0		
a	\0			
b	o	o	k	\0

图8-9　多个数组在内存中存储示意图

⑦ C语言规定，数组名代表该数组的首地址。所以输入字符数组时scanf( )函数直接写数组名，不需要地址运算符“&”。

8.4.3 字符串函数

C 语言提供了丰富的字符串处理函数。大致可分为字符串的输入、输出、合并、修改、比较、转换、复制、搜索等。使用这些函数可以提高编程效率。下面介绍C语言函数库中常用的一些字符串处理函数。

（1）字符串的输入函数——gets( )

字符串的输入函数格式为：

gets(字符数组)

应包含的头文件为<stdio.h>。

功能：从键盘输入一个以回车结束的字符串放入字符数组中，并自动加'\0'。

例如：

gets (str);

输入 Hello□world!↙（□表示空格，↙表示回车）时，字符串 str 的值是：Hello□world!

与 gets 不同的是 scanf 输入时是以空格或回车结束的字符串放入字符数组中。

例如：

scanf ("%s", str);

输入 Hello□world!↙（□表示空格，↙表示回车）时，字符串 str 的值是：Hello

使用 scanf 时，可以使用%ns 格式控制符限制输入的字符个数。

例如：char str[10];

scanf ("%9s", str);　　//最多可读入 9 个非空格字符到 str 中

gets 函数与 scanf 函数的区别如表 8-3 所示。

表 8-3　gets 与 scanf 输入字符串的区别

gets	scanf
输入的字符串中可包含空格字符	输入的字符串中不可包含空格字符
只能输入一个字符串	可连续输入多个字符串（使用%s%s…）
不可限定字符串的长度	可限定字符串的长度（使用%ns）
遇到回车符结束	遇到空格符或回车符结束

（2）字符串的输出函数——puts( )

字符串的输出函数格式为：

puts(字符串地址)

应包含的头文件为 stdio.h。

功能：把函数中从字符串地址开始的字符串输出到显示器，输出完自动换行。

例如：

char str[]="Hello Qingdao!";

puts(str);

puts(&str[6]);

输出结果为：

Hello Qingdao!

Qingdao!
分别对应于下面两个语句的输出结果。
printf("%s\n",str);
printf("%s\n",&str[6]);
（3）求字符串的长度函数——strlen( )
求字符串的长度函数格式为：

strlen(字符串地址)

应包含的头文件为 string.h 。
功能：计算字符串长度。
返值：返回字符串实际长度，不包括'\0'在内。

```
char str1[]="0123456789";
char str2[]="0123\0456789";  /*\045 作为一个八进制数对待*/
char str3[]="a\0bc\0d";  /*遇到结束符\0 就结束*/
char str4[]="\t\v\\\0will\n";
  /*前三个为水平制表符、“□”和“\”，遇到结束符\0 就结束*/
char str5[]="\x69\082\n";  /*\x69 作为一个十六进制数对待*/
printf("%d\n",strlen(str1));
printf("%d\n",strlen(str2));
printf("%d\n",strlen(str3));
printf("%d\n",strlen(str4));
printf("%d\n",strlen(str5));
```

输出结果为：

```
10
9
1
3
1
```

（4）字符串的复制函数——strncpy（）
字符串的复制函数格式如下：

strncpy (字符数组 1，字符串 2，长度 *n*)

应包含的头文件为 string.h。
功能：将字符串 2 的前 *n* 个字符复制到字符数组 1 中去，并在末尾加'\0'。
返值：返回字符数组 1 的首地址。
说明：字符数组 1 必须足够大。
例如：

```
char str[20];
strncpy (str,"0123456789", 5);
  //将"0123456789"的前 5 个字符复制到 str 中，并加'\0'
printf ("%s", str);
  //将输出 01234
```

（5）字符串比较函数——strcmp( )

字符串比较格式如下：

strcmp (字符串 1，字符串 2)

应包含的头文件为 string.h。

规则：对两串从左向右逐个字符比较（ASCII 码），直到遇到不同字符或'\0'为止。

返值：　a. 若串 1 小于串 2，返回负整数（-1）；

　　　　b. 若串 1 大于串 2，返回正整数（1）；

　　　　c. 若串 1 等于串 2，返回 0。

说明：比较两个字符串是否相等不能用“==”运算符。

例如：

```
char    password[20];
printf ("input the password: ");
scanf ("%11s", password);
if ( strcmp(password, "administrator") != 0 )
    return;
{  …   }
```

（6）字符串连接函数——strcat( )

字符串连接函数的格式如下：

strcat(字符数组名 1，字符数组名 2 或字符串 2)

功能：把字符串 2 连接到字符串 1 后面，去掉字符串 1 后面的\0，结果存放在字符数组 1 中，因此，字符数组 1 应足够长。函数返回值为字符数组 1 的首地址。

【例 8. 15】连接两个字符串。

```
#include <stdio.h>
#include <string.h>
int main()
{
  char str1[50]="I□love";
  char str2[ ]= "□China !";  // "□"表示空格
  strcat(str1,str2);
  puts(str1);
  return 0;
}
```

输出结果为：

```
I love China !
```

8.4.4　字符数组的应用

【例 8.16】一个打字员从键盘输入了一串字符，单词之间只有空格符号。编程序统计这串字符有多少个单词。

分析：输入的字符可能是空字符或非空字符，非空字符又包括非首字符和首字符，具体有以下三种情况：空字符，非首字符，首字符。可以声明一个变量 flag 用值 0、1、2 分别标记以上几种字符。输字符与 flag 值对照如表 8-4 所示。

表 8-4 输入字符与 flag 值对照表

输入	T	h	i	s		i	s		a		b	o	o	k
Flag	2	1	1	1	0	2	1	0	2	0	2	1	1	1

其处理流程如图 8-10 所示。

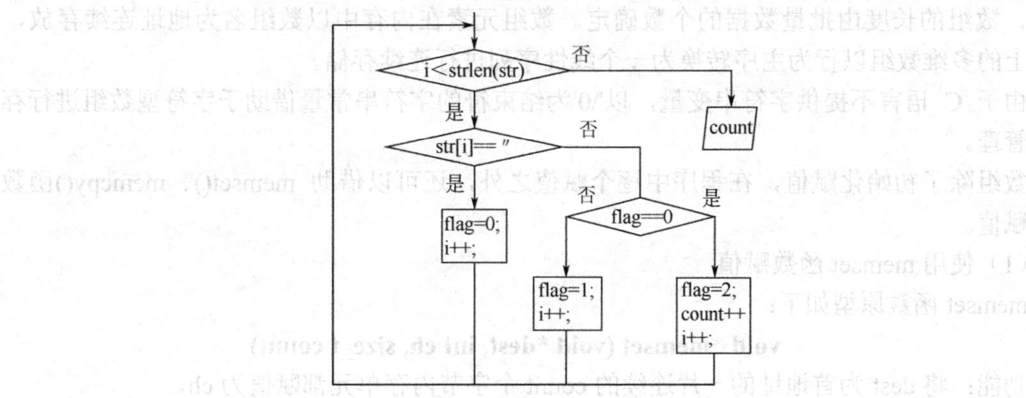

图 8-10 输入单词个数流程图

其源代码如下：

```
#include<string.h>
int main()
{
  int count=0,flag=0,i,len;
  char str[100];
  gets(str);   /*读取字符串*/
  len=strlen(str);  /*求字符串长度*/
  for(i=0;i<len;i++)
    if(str[i]==' ')    /*判断是否为空格*/
      flag=0;
    else if(flag==0)
        {
            flag=2;   /*判断是否为首字符*/
            count++;
        }
      else  flag=1;   /*判断是否为非首字符*/
  printf("%s ",str);
  if(len>1)
    printf(" have %d words \n",count);
  else
    printf(" has %d word\n",count);
  return 0;
}
```

运行结果为：

```
This is a book. I love C programming
This is a book. I love C programming  have 8 words
```

8.5　本章小结

C语言提供的数组类型是数据的一种组织形式，当需要管理同类型批量数据时，可以定义为数组类型。数组类型由批量数据的类型确定，数组的维数由批量数据的方向关系多少确定，数组的长度由批量数据的个数确定。数组元素在内存中以数组名为地址连续存放，逻辑上的多维数组以行为主序转换为一个线性序列进行连续存储。

由于C语言不提供字符串变量，以'\0'为结束符的字符串常量借助于字符型数组进行存储和管理。

数组除了初始化赋值，在程序中逐个赋值之外，还可以借助memset()、memcpy()函数形式赋值。

（1）使用memset函数赋值

memset函数原型如下：

void *memset (void *dest, int ch, size_t count)

功能：将dest为首地址的一片连续的count个字节内存单元都赋值为ch。

例如，将数组str的每个数据单元赋值为'a'。

```
char str[10];
memset (str,'a',10);
```

例如，将数组a的每个数据单元赋值为0（清0）。

```
int a[10];
memset (a, 0, 10*sizeof(int));
```

这种方法是适合于字节型数组的整体赋值，或对非字节型数组进行清0。

（2）使用memcpy函数实现数组间的赋值

memcpy函数原型如下：

void *memcpy (void *dest, const void *src, size_t count)

将src为首地址的一片连续的count个字节内存单元的值拷贝到以dest为首地址的一片连续的内存单元中。

例如：实现用数组a初始化b的程序如下。

```
int a[5] = {1, 2, 3, 4, 5}, b[5], i;
    for (i = 0; i < 5; i++)
        b[i] = a[i];
```

等价于使用memcpy进行如下的赋值：

```
memcpy (b, a, 5* sizeof(int));
```

注意：在使用memset和memcpy函数时，源程序中要包含头文件“string.h”。在VC下，则也可用“memory.h”。

课后习题

1. C语言中，数组名代表（　）。

　A. 数组全部元素的值　　　　B. 数组首地址

C. 数组第一个元素的值　　　　　　D. 数组元素的个数

2. 以下关于数组的描述正确的是（ ）。

A. 数组的大小是固定的，但可以有不同类型的数组元素

B. 数组的大小是可变的，但所有数组元素的类型必须相同

C. 数组的大小是固定的，所有数组元素的类型必须相同

D. 数组的大小是可变的，可以有不同类型的数组元素

3. 以下对一维数组 a 的正确说明是（ ）。

A.char a(10);　　B.int a[ ];　　C.int k=5,a[k];　　D. char a[ ]={'a','b', 'c'};

4. 下列一维数组正确初始化的是( )。

A. int a[5] ={1,2};　　　　B. int a[2]={12,3,4,5};

C. int a[5]={, ,1,2};　　　　D. int *a={12,3,4,5};

5. 不能对以下数组进行初始化的语句是（ ）。

A. int a[2]={0};　　　　B. int a [2] =[1,2] ;

C. int a[2]={10*1};　　　　D. int a[2]; a[0]=1; a[1]=2;

6. 下列二维数组的初始化哪一个不针对三行四列二维数组（ ）。

A.int a[3][4] ={{1,2,3,4},{5,6,7,8},{9,10,11,12}};

B.int a[][4]={{1},{5},{9}};

C.int a[][4]={1,0,0,0,5,6};

D.int a[][4]={{1},{0,6},{0,0,11}};

7. 若有说明语句：int a[2][4]；则对 a 数组元素的正确引用是( )。

A. a[0][3]　　B. a[0][4]　　C. a[2][2]　　D. a[2][2+1]

8. 以下能对二维数组 y 进行初始化的语句是( )。

A. static int y[2][ ]={{1,0,1}, {5,2,3}};

B. static int y[ ][3]={{1,2,3}, {4,5,6}};

C. static int y[2][4]={{1,2,3}, {4,5} , {6}};

D. static int y[ ][3]={{1,0,1,0}, { }, {1,1}};

9. 判断字符串 str1 是否大于字符串 str2，应当使用( )。

A. if (str1>str2)　　　　B. if (strcmp(str1, str2))

C. if (strcmp(str2, str1)>0)　　　　D. if (strcmp(str1, str2)>0)

10. 下面程序段的运行结果是( )。

```
char x[5]={'a', 'b', '\0', 'c', '\0'};
printf("%s", x);
```

A.'a''b'　　B. ab　　C. ab␣c　　D. abc

11. 写出下列程序的运行结果____________。

```
int main()
{
int a[10]={9,6,5,8,7,4,2,1};
  int i,j,t;
  for(j=0;j<9;j++)
    for(i=0;i<9-j;i++)
      if  (a[i]>a[i+1])
        {t=a[i];a[i]=a[i+1];a[i+1]=t;}
```

```
    for(i=0;i<10;i++)
      printf("%d*",a[i]);
  return 0;
}
```

12. 下列程序的运行结果是______。

```
#include <stdio.h>
int main( )
{ int i,k,a[10],p[3];
  k=5;
  for ( i=0;i<10;i++)
      a[i]=i;
  for(i=0;i<3;i++)
      p[i]=a[i*(i+1)];
  for( i=0;i<3;i++)
      k+=p[i]*2;
  printf("%d\n",k);
  return 0;
}
```

13. 下列程序的运行结果是______。

```
int main( )
{ int a[6],i;
  for(i=0;i<6;i++)
      { a[i]=9*(i-2+4*(i>3))%5;
        printf("%2d",a[i]);
      }
return 0;
 }
```

14. 当输入a<回车> bc<回车> def<回车>时，写出下列程序的运行结果：______。

```
int main( )
{  char X[16];
   int i;
   for(i=0;i<6;i++)
       X[i]=getchar();
   for(i=0;i<6;i++)
      putchar(X[i])
  return 0;
 }
```

15. 下面程序的功能是读入20个整数，统计非负数个数并计算非负数之和。

```
#include <stdio.h>
int main()
{
     int i,a[20],s,count ;
     s=count=0 ;
     for(i=0;i<20 ;i++ )
         scanf("%d", ____①____);
     for(i=0 ;i<20;i++)
     {  if(a[i]<0) ____②____;
```

```
        s+=a[i] ;
      count++ ;
    }
    printf("s=%d\t count=%d\n",s,count) ;
  }
  return 0;
```

16. 输出100～200之间既不能被3整除也不能被7整除的整数并统计这些整数的个数，要求每行输出8个数。

17. 有n个人围成一个圈子，从第一个人开始报数（从1到3报数），凡报到3的人退出圈子，问最后留下的是原来的第几号。

18. 数组a中存放10个四位十进制整数，统计千位和十位之和与百位和个位之和相等的数据个数，并将满足条件的数据存入数组b中。

19. 编写程序，从整型数组a的第一个元素开始，每三个元素求和并将和存入到另一数组b中（最后一组可以不足3个元素），最后输出b数组各元素的值并每行输出5个元素后换行。

20. 已知数组b中存放N个人的年龄，编写程序，统计各年龄段的人数并存入数组d。要求把0～9岁年龄段的人数放在d[0]中，把10～19岁年龄段的人数放在d[1]中，把20～29岁年龄段的人数放在d[2]中，其余依此类推，把100岁(含100)以上年龄的人数都放在d[10]中。

函数

C语言被称为“函数式的语言”，每个函数实现特定的功能，它们在main()函数的统一调度下实现整个程序的完整功能。运用结构化程序设计方法处理复杂问题时，首先将复杂问题抽象为若干简单的子问题，每个子问题使用一个独立的程序段来进行处理，这些独立的程序段就可以设计为函数。每个函数要单纯地完成特定的任务，函数之间应该“彼此相对独立，各自功能单一”。在不同的计算机语言中函数又被称为模块或子程序。

本章学习目标与要求：

① 对自定义函数，会进行函数的格式声明、定义和调用；

② 理解函数参数的含义，函数间的参数传递；

③ 理解函数的返回值和结果，并会进行函数设计；

④ 理解递归及其解决的问题；

⑤ 掌握变量作用域和生存期。

9.1 函数式多文件程序结构

在设计一个很庞大的程序时，可以把复杂的大问题分解为若干小问题，这些小问题可以用模块来实现。在C语言中，程序即是“.c”源文件和“.h”头文件的结合，头文件中是对于该模块接口的声明。利用模块化程序设计思想进行C语言编程，可以保证程序有更好的可读性、移植性及方便修改和升级。

如图9-1所示，C语言的源程序可以由若干个文件组成，这些文件可能是后缀为“.h”的头文件，也可能是后缀为“.c”的源文件，每个源文件又可以含有一个或多个函数，每个函数是一个独立的程序模块，所有的函数由main( )函数统一进行调用。

程序
文件 1
文件 2
…
文件 n

函数 1
函数 2
…
函数 m

图9-1　函数式多文件程序结构示意图

如图9-2所示，一个程序有且只有一个main( )函数，main( )函数是整个程序的唯一入口和唯一出口。一个程序可以有若干个子函数，程序总是从主函数开始执行,在主函数内结束。除 main( )函数之外所有函数地位平等，子函数可互相嵌套调用、自我调用，但一个函数内部不能嵌套定义另一个函数。所有的函数可集中或分散存放在一个或多个源程序文件中。

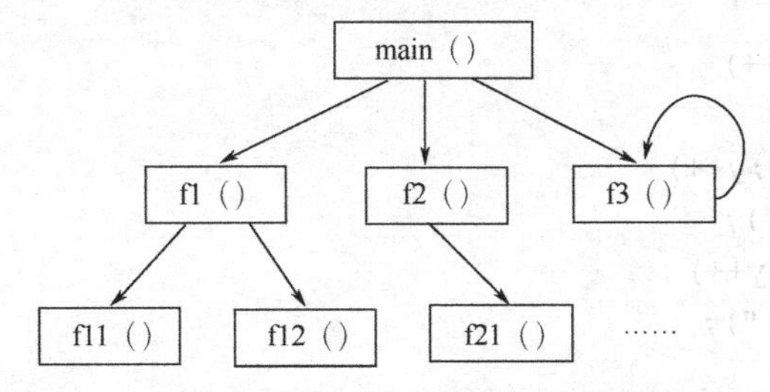

图 9-2　主函数与其他函数之间的调用关系的示意图

9.1.1　为什么采用多函数结构

【例 9. 1】编程输出如下的运行结果：

```
start!
          * *
          * *
          * *
          * * * * * *
          * *
          * *
          * *
          * *
the end!
```

分析：如果在 main( )函数中全部实现该功能，则需要设计下面三个循环嵌套语句分别输出上面含有"*"的语句。

其源代码如下：

```
#include<stdio.h>
int main()
{
  int x,y;
  printf("start!\n");
  for(x=1;x<=3;x++)
  {
    for(y=1;y<=10;y++)
     printf(" ");
     for(y=1;y<=2;y++)printf("* ");
      printf("\n");
  }
  for(x=1;x<=1;x++)
  {
    for(y=1;y<=10;y++)
      printf(" ");
    for(y=1;y<=6;y++)
```

```
      printf("* ");
    printf("\n");
  }
  for(x=1;x<=4;x++)
  {
    for(y=1;y<=10;y++)
        printf(" ");
    for(y=1;y<=2;y++)
        printf("* ");
    printf("\n");
  }
  printf("the end!\n");
  return 0;
}
```

该程序虽然达到了输出的要求，但是主函数内代码显得重复、累赘。所以，可以把主函数中的所有功能抽象出一个函数 printstar( )用来打印"*"，需要时调用该函数实现相应的功能。

其源代码如下：

```
#include<stdio.h>
void printstar(int i,int j)
{
  int x,y;
  for(x=1;x<=i;x++)
  {
    for(y=1;y<=10;y++)
        printf(" ");
    for(y=1;y<=j;y++)
        printf("* ");
    printf("\n");
  }
}
int main( )
{
  printf("start!\n");
  printstar(3,2);  /*调用函数，打印 3 行 2 列*/
  printstar(1,6);  /*调用函数，打印 1 行 6 列*/
  printstar(4,3);  /*调用函数，打印 4 行 3 列*/
  printf("the end!\n");
  return 0;
}
```

按照如上的源代码，在 main( )函数外定义了一个函数 printstar( )实现输出功能，在主函数中分别调用该函数三次就可以实现打印功能。显然，主函数内进行函数调用后代码简单、明了。

从上面的例子可以看出，函数应具有如下的作用：函数功能独立可重复调用，能提高代码的利用率；函数可相互调用“组装”成程序，使程序结构清晰，层次分明。

在程序设计中，采用“自顶向下，逐步求精”的思想，将问题逐步分解成若干个独立的子模块，每个子模块对应于一个函数，如果有相应的库函数可以使用库函数，也可以自定义函数来实现相应的功能。

9.1.2 为什么采用多文件结构

C语言允许将一个源程序分成若干个文件分别编译、调试。程序设计时可以把不同功能的函数设计为各自对应的源文件和头文件，再分别以源文件为单位进行编译,一旦所有文件编译完毕，就可以将它们链接起来，形成完整的目标程序。当一个文件的代码改变时，只需重新编译该文件不必重新编译全部程序，缩短了编译时间。

9.2 函数的定义、调用及声明

9.2.1 函数的分类

在C语言中，从函数定义的角度看，函数可分为库函数和用户自定义函数两种。

（1）库函数

一组由编译系统提供的预先设计并编译好的用来实现各种通用或常用功能的函数，这些函数根据功能被划分在不同的函数库中，称为库函数。库函数并不是C语言的一部分。每一种C语言编译系统都提供了一批库函数，不同的编译系统提供的库函数数目和函数名以及函数功能不完全相同。库函数把一些常用到的函数编写完成放到一个文件里，供程序员使用，程序员用的时候把它所在的文件名用#include<文件名>加到从程序里面就可以了，例如要用到数学函数就需要在源代码中使用#include<math.h>。常见的库函数详见“附录四 C 语言常用库函数”。

（2）用户自定义函数

用户按需求自行编写具有特定功能的函数，称为用户自定义函数。用户自定义函数又按照是否有参数分为有参函数和无参函数两种形式。

① 有参函数。函数在声明和定义时要说明形参，调用时需要有相应的实参，主调函数要向其传递相关数据。

② 无参函数。函数在声明、定义和调用时均没有参数，主调函数无须向其传递任何数据，一般用于执行一组指定的操作。

按照函数是否能被其他的源文件调用又分为内部函数和外部函数。

函数的本质是全局的，即函数定义后可通过函数声明在程序的所有源程序文件的函数中调用。为了限制函数调用，可将函数定义成源程序文件内部的函数。

① 内部函数(或静态函数)。在函数定义的前面加 static，即函数首部为：

static 类型说明符 函数名(形参列表)

则该函数只能被本源文件中其他函数调用，该函数称为内部函数(或静态函数)。

如：static double fun1(int a){…函数体…}

使用内部函数，可以使函数仅局限于所在的文件，这样在不同文件中同名内部函数之间互不干扰。通常把只能由同一文件使用的函数和外部变量放入一个文件中，并在它们前面加上 static，使之局部化，这样其他文件就不能引用。

② 外部函数。所有函数默认都是外部的。为了明显地表示该函数是外部函数，可供其他函数调用，可在函数定义的前面加 extern，即函数首部为：

[extern] 类型说明符 函数名(形参列表)

如：extern long fun2(int x){…函数体…}

这样函数 fun2 就可以被其他函数调用。C 语言规定：若在定义函数时省略 extern，则隐含为外部函数。

若在函数中需要调用外部(即其他文件中的)函数，则要进行函数声明，形式为：

[extern] 类型说明符 函数名(形参列表);

9.2.2 函数的定义

函数是一个被命名的、独立的代码段，它执行特定的任务，需要时可以给调用它的程序返回一个值。函数的定义包括以下几个部分：

① 每个函数有唯一的函数名，在程序的其他部分使用该名称，可被获准执行该函数的内部语句，这被称为函数调用。

② 函数是能完成特定任务的操作过程，它有自己独立的代码块。每个函数的执行内容不应受到其他函数的干扰。

③ 函数有相应的形参列表，即便没有参数也不能省略“( )”。

④ 函数执行完毕，如果需要可以将一个值返回给调用它的程序。

函数的定义形式如下：

函数返回值类型 函数名（形式参数类型 1 形式参数名 1，形式参数类型 2 形式参数名 2，…，形式参数类型 *n* 形式参数名 *n*）

{

声明部分

语句

}

从上面的定义格式可以看出，函数的定义分为两个部分：函数首部和函数体。

函数首部包含函数返回值类型、函数名和形式参数列表三部分，如图 9-3 所示。函数返回值类型指的是函数运算结果的类型即数据类型标识符，若函数不需要返回值，可指定函数类型为 void，函数返回值类型为 int 时可省略不写。函数名是用来标记函数的标识符，一个程序中不允许出现同名的函数，函数名也不能与其他变量名称相同，并且函数名不可省略。形式参数列表用来说明每个形式参数的类型和名称，如有多个形式参数，参数之间用逗号分隔；无参函数则不需要写参数类型和名称。不管有无参数，“( )”不能省略。

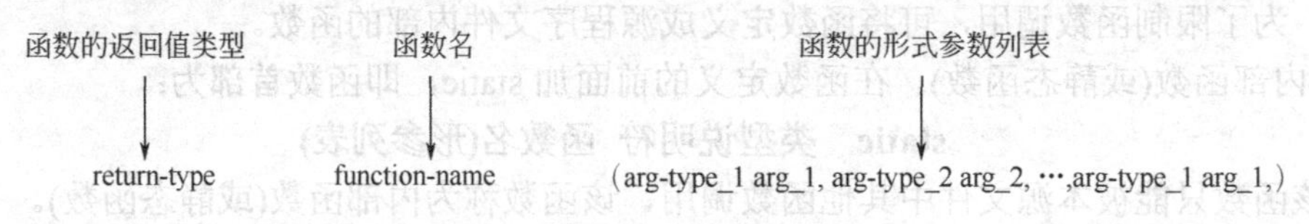

图 9-3 函数首部

无参函数的定义形式如下：

函数返回值类型 函数名（ ）

{

声明部分

语句

}

函数体是由花括号“{ }”及其所包含的语句构成的。花括号中包含声明及函数的实现语句，声明部分主要用于定义函数中所使用的变量，函数的功能是由功能语句来实现的，主要使用顺序、选择和循环三种基本结构进行设计。函数体可以有语句也可以没有语句，但是在函数定义时“{ }”不能省略，如果仅仅定义了一个函数框架，而没有实际内容，这种函数没有实际工作即为**空函数**。

空函数的定义形式为：

函数返回值类型 函数名（形式参数类型 形式参数名）

{

}

【例 9.2】 编程实现 3!＋5!＋8!。

分析：该题目要求实现几个不同阶乘的和，如果不使用函数实现阶乘就要在 main（）函数中分别实现求 3!、5!、8!的功能。

其流程图如图 9-4 所示，需要声明变量 j、t、s，j 是计数器，t 表示要求的每一个阶乘，s 表示所求的阶乘的总和。这样需要计算 3 次阶乘。

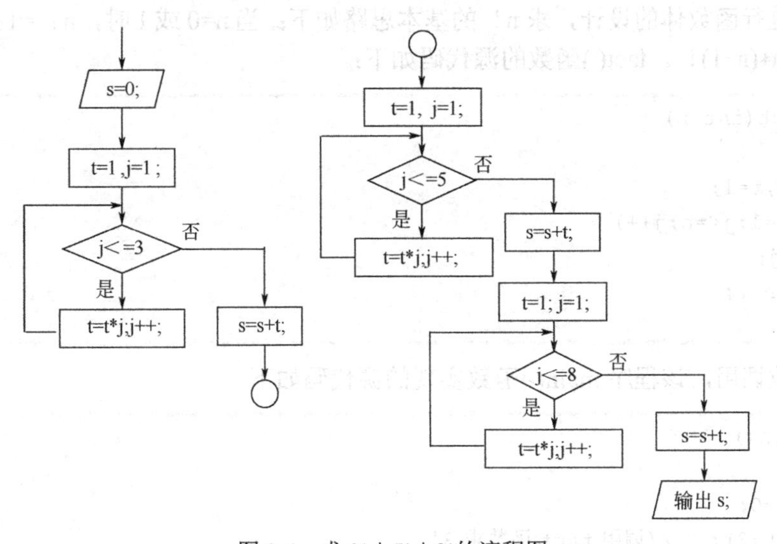

图 9-4 求 3!＋5!＋8!的流程图

在 main（）函数实现该功能的源代码如下：

```
#include<stdio.h>
int main()
{
  int j,t=1,s=0;
  for(j=1;j<=3;j++)//求 3!
     t*=j;
```

```
    s+=t;
    for(j=1,t=1;j<=5;j++)//求5!
      t*=j;
    s+=t;
    for(j=1,t=1;j<=8;j++)//求8!
       t*=j;
    s+=t;
    printf("3!+5!+8!=%d",s);
    return 0;
  }
```

运行结果为:

```
3!+5!+8!=40446
```

上述程序比较烦琐，如果定义一个 fact( )函数，就可以在主函数中进行调用，从而简化程序。

函数的设计思路：从函数定义的两大组成部分进行考虑，首先设计函数首部，函数名的命名要求“见名知意”，用阶乘 factorial 英文缩写 fact 表示；函数的参数可以看作函数的输入，由于要求n！，因此参数是一个整数，表示为 int n，这里 n 只是一个形式参数，还可以用其他的标识符表示，不过不要与函数体内的其他标识符重名；函数返回值可以看作是函数的输出，这里所求得的阶乘是一个整数，返回阶乘值 t 的类型就是函数的返回值类型。

其次要进行函数体的设计，求n！的基本思路如下：当n=0或1时，n！=1；当n>1时利用公式n！=n*(n-1)！。fact( )函数的源代码如下：

```
int fact(int n)
{
  int j,t=1;
  for(j=1;j<=n;j++)
    t*=j;
  return t;
}
```

使用函数调用，该程序 main( )函数实现的源代码如下：

```
int main()
{
  int s=0;
  s=fact(3);    //调用 fact 函数求 3!
  s+=fact(5);  //调用 fact 函数求 5!
  s+=fact(8);  //调用 fact 函数求 8!
  printf("3!+5!+8!=%d",s);
  return 0;
}
```

对比上述两段代码可以看到，使用函数调用主函数中的代码更加简洁，需要计算 n！时，只需要调用 fact( )函数修改相应的参数。

下面分别介绍有参函数和无参函数的应用场景。

（1）有参函数

【例 9.3】输入任意三个数，求它们的最大值并输出。

分析：题目要求三个数的最大值，可以把求三个数的最大值转化为求两次两个数的最大值，第一步先在两个数中求最大值，第二步求该最大值与第三个数中的最大值。其流程图如图 9-5 所示。

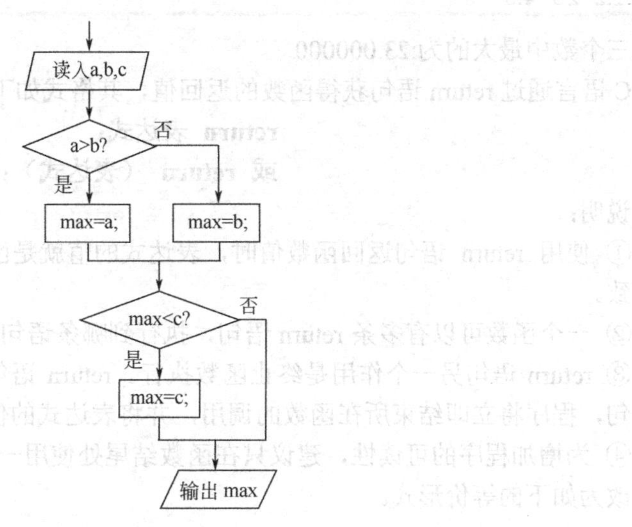

图 9-5　求三个数最大值流程图

求两个数的最大值的函数 max( )定义如下，可以在主函数中调用两次 max( )函数来实现上述功能。

```
double max (double m, double n)
{
   if(m>n)
     return m;
   else
     return n;
}
```

Max( )函数的设计思路仍然从函数定义的两个组成部分进行考虑，首先是函数首部，由于是求最大值，函数名用 max 表示；函数的参数可以看作函数的输入，由于要求两个数的最大值，故输入两个数，分别表示为 double m，double n；函数最后要返回一个最大值，所以函数返回值类型与 m 和 n 类型一致，均为 double 类型。在函数体中比较 m 与 n 的大小并返回。

该程序主函数实现的源代码如下：

```
int main()
{
    double a,b,c,d;
    printf("请输入三个数:\n");
    scanf("%lf%lf%lf",&a,&b,&c);
    d=max(a,b);
```

```
    printf("三个数中最大的为:%lf",max(d,c));
    return 0;
}
```

运行结果为:

```
请输入三个数:
1.2 23 4.5
```

三个数中最大的为:23.000000

C语言通过return语句获得函数的返回值，其格式如下：

return 表达式;

或 return （表达式）;

说明:

① 使用 return 语句返回函数值时，表达式的值就是函数值，函数返回类型应与表达式值一致。

② 一个函数可以有多条return语句，执行到哪条语句哪条语句就起作用。

③ return语句另一个作用是终止函数执行。return语句一旦被执行，不论其后面是否还有语句，程序将立即结束所在函数的调用，并将表达式的值返回调用者。

④ 为增加程序的可读性，建议只在函数结尾处使用一次return语句，例9.3的max函数可以改为如下的等价形式。

```
double max (double m, double n)
{
  double k;
  if(m>n)
     k=m;
  else
     k=n;
  return k;
}
```

【例9.4】用程序实现如下钻石图案的输出。

```
   *
  ***
 *****
*******
 *****
  ***
   *
```

分析：该图案一共输出7行，逐行进行输出。假设n为输出的行数，首先使用一个循环输出第1～4行，其中n的变化范围[1→4]，每行输出4−n个空格和2n−1个“*”；其次，使用另一个循环输出第5～7行，其中n的变化范围[3→1]，每行同样输出4−n个空格和2n−1个“*”。其流程图如图9-6所示。按照该思路，可以把每行需要输出的内容设计为一个函数printstar( )。

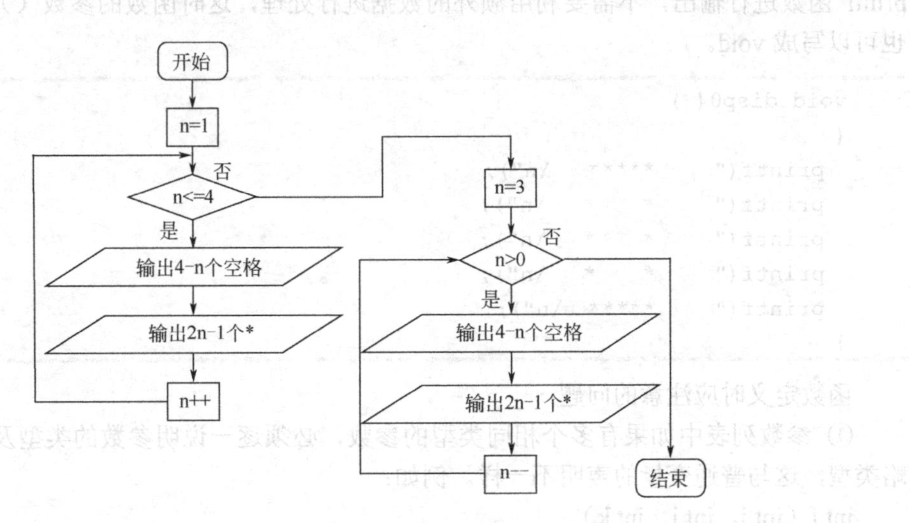

图9-6　输出钻石图案流程图

printstar( )函数输入与 n 有关，所以该函数设计一个整型参数；其功能是输出相应的空格和星号，因此无返回值。该函数定义如下：

```
void printstar(int n)
{
  int i;
  for(i=1;i<=4-n;i++)
    printf("  ");  /*输出空格*/
  for(i=1;i<=2*n-1;i++)
    printf("*");/*输出"*"号*/
  printf("\n");
}
```

该程序的主函数实现如下：

```
int main()
{
  int n;
  for(n=1;n<=4;n++)/*输出1～4行*/
      printstar(n);
  for(n=3;n>=1;n--)/*输出5～7行*/
      printstar(n);
  return 0;
}
```

形式参数的个数和类型确实是一个令初学者困惑的问题，从上述实例可以看出，形式参数的设计与函数的功能密切相关，形式参数是函数要实现功能所获得的一些原始信息，也就是函数的输入。所以，设计形式参数时如果需要输入数据，就定义形式参数接收该数据，形式参数的个数和类型与需要输入的数据个数和类型一致。

（2）无参函数

如果一个函数不接受任何参数，就把它设计成无参函数，例如，如下的程序只利用

printf 函数进行输出，不需要利用额外的数据进行处理，这时函数的参数（）中可以为空，也可以写成 void。

```
void disp0( )
{
 printf("    *****   \n");
 printf("    *   *   \n");
 printf("    *   *   \n");
 printf("    *   *   \n");
 printf("    *****  \n");
}
```

函数定义时应注意的问题：

① 参数列表中如果有多个相同类型的参数，必须逐一说明参数的类型及名称，不能省略类型，这与普通变量的声明不一样。例如：

int f（int i，int j，int k）

不能写成 int f（int i，j，k）

② 不允许函数嵌套定义，函数的定义是独立的，不允许在一个函数体内再定义另一个函数。

③ return 与函数类型要对应，void 类型函数无需返回值，其余函数类型都必须通过 return 返回函数的运算结果。

9.2.3 函数的调用

函数调用的一般格式为：

函数名（实参列表）

（1）函数调用过程

一个 C 程序可以包含多个函数，但必须且只能包含一个 main( )函数。程序的执行是从 main( )函数开始，在 main( )函数结束。程序中的其他函数必须通过 main( )函数直接或者间接地调用才能执行。

函数调用的过程包括：①程序从主函数开始执行；②主函数执行到调用语句时把实参的值一一传递给对应形参；③流程转向被调用函数，执行被调函数；④被调函数执行完毕，流程返回调用处，如有返回值，则带回返回值；⑤主函数从调用处下一个位置继续执行直到结束。如图 9-7 所示。

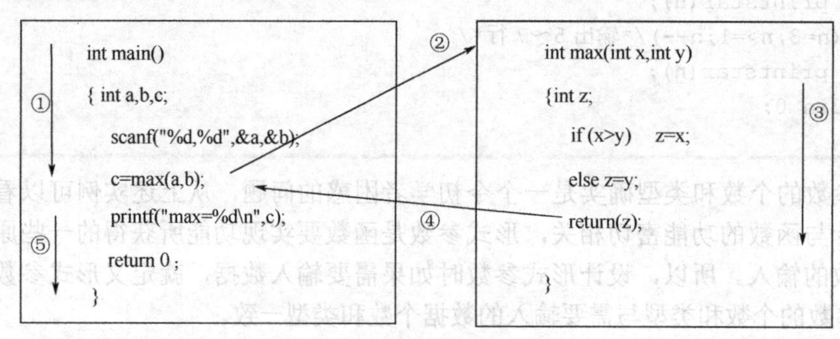

图 9-7　函数的调用过程

（2）函数的调用形式

函数调用之前要完成函数的定义，函数遵循先定义后调用的原则。函数的调用一般有表达式形式、参数形式和语句形式三种。

① 表达式形式。适用于非 void 类型的函数，函数的返回值参与主调函数中表达式的运算。如例 9.2 所要求，其完整的程序代码如下。在 main( )函数中，fact 函数的调用以表达式形式参与计算变量 s。

```
#include<stdio.h>
int fact(int n)
{
  int j,t=1;
  for(j=1;j<=n;j++)
    t*=j;
  return  t;
}
int main()
{
  int s=0 ;
  s=fact(3)+fact(5)+fact(8);
  printf("3!+5!+8!=%d\n",s);
return 0;
}
```

② 参数形式。适用于非 void 类型的函数，函数的返回值在主调函数中作自己或其他函数的实参。如例 9.3 所要求，其完整的程序代码如下，在 main( )函数中调用求两个数的函数 max(a，b)作为 max( )函数的参数求三个数中的最大值，所求的值最后又作为系统函数 printf( ) 的参数。

```
#include<stdio.h>
double  max (double m, double n)
{
  if(m>n)
    return m;
  else
    return n;
}
int main()
{
  double a,b,c;
  scanf("%f%f%f",&a,&b,&c);
  printf("max=%f",max(max(a,b),c) );
  return 0;
}
```

③ 语句形式。函数的语句调用形式主要用于 void 类型的函数；非 void 类型的函数采用语句调用形式将不接受函数的返回值，所以有返回值的函数一般不采用语句形式调用。语句调用形式以函数作为独立的语句进行调用，末尾一定要加“；”号。如例 9.4 所示，打印

图案的函数 printstar(n)在 main( )函数中以独立的语句调用两次。

9.2.4 函数类型与函数的返回值类型

通过 return 语句返回主调函数的返回值类型应该和函数的类型一致。如果不一致，则返回值类型应转换为函数类型。

【例 9.5】函数返回值类型与函数类型不一致。

```
#include <stdio.h>
max(float x,float y)
{
  float z;
  z=x>y?x:y;
  return z;
}
int main()
{
  float a=1.5,b=0.5,c;
  c=max(a,b);
  printf("max is %f\n",c);
  return 0;
}
```

运行结果为：

max is 1.000000

原因分析：

函数返回值类型缺省了，所以编译器默认为是 int，而 return 语句后的表达式 z 的值为 float，系统自动进行转换，把返回值类型 float 转换为缺省类型 int，故丢失了精度。

9.2.5 函数的声明

函数遵循先定义后使用的原则，若函数先调用后定义，必须进行前向声明。

在例 9.5 中，正确的源代码为：

```
1. #include <stdio.h>
2. float max(float x,float y)
3. {
4.     float z;
5.     z=x>y?x:y;
6.     return z;
7. }  /* max 函数的定义*/
8. int main()
9. {
10.   float a=1.5,b=0.5,c;
11.   c=max(a,b);
12.   printf("max is %f\n",c);
13.   return 0;
14. }
```

上述代码中，从整个程序来看，利用 2～7 行先定义了 max( )函数，然后在主函数中第 11 行对 max( )函数进行调用。若把函数的定义放在主函数后面，则要先进行函数的声明，具体如下第 4 行所示。

```
1. #include <stdio.h>
2. int main()
3. {
4.     float max(float x,float y);
5.     float a=1.5,b=0.5,c;
6.     c=max(a,b);
7.     printf("max is %f\n",c);
8.     return 0;
9. }
10. float max(float x,float y)
11. {
12.   float z;
13.   z=x>y?x:y;
14.   return z;
15. }
```

函数声明的作用是把函数名、函数参数的个数和参数类型等信息通知编译系统，以便编译系统识别并检查调用是否合法。

函数声明有两种形式，一种是稳健型，格式如下：

函数类型　函数名(形式参数类型 1　形式参数名 1，形式参数类型 2　形式参数名 2，…，形式参数类型 *n*　形式参数名 *n*)；

如 float max(float x, float y);要求必须写全所有的形参类型和名称。

另二种是成熟型，格式如下：

函数类型　函数名（形式参数类型 1，形式参数类型 2，…，形式参数类型 *n*）；

如 float max(float ,float);可以省略形参名称，但要有所有形参类型。

注意：

① 无论哪一种形式的函数声明语句最后都要加分号。

② 函数声明的位置为：主调函数的声明区或所有函数之外的声明区。

③ 函数声明有一种特殊情况，若函数返回值是 char 或 int 型，系统自动按 int 型处理，可以不进行函数声明。但是为了增强程序的可读性和方便后期维护，建议声明。

【例 9.6】函数声明举例。

```
#include <stdio.h>
int main()
{
  int a=1,b=3,c;
  c=max(a,b);
  printf("max is %d\n",c);
  return 0;
}
int max(int x,int y)
{
```

```
  int z;
  z=x>y?x:y;
  return z;
}
```

在例 9.6 中，max（）函数的返回值是 int 型，函数定义在主函数后，max（）函数可以不事先在主函数前声明。

9.3 函数的参数传递

9.3.1 函数间数据传递

在不同的函数之间传递数据，可以通过参数或返回值进行。通过参数进行数据传递主要是通过形式参数和实际参数结合来进行。通过返回值可以用 return 语句把计算结果返回给主调函数。

定义或声明一个有参函数时，函数名后（）中的参数称为形式参数，简称为**形参**。例如：int max(int x, int y)；其中，x 和 y 就是形参。

调用一个有参函数时，函数名后（）中的参数称为实际参数，简称为**实参**。例如：调用上述函数时 c=max(2, 7*5);其中，第一个实参为整型常量 2，第二个实参为算术表达式 7*5。

9.3.2 函数的参数传递数值

函数的参数传递数值指的是，发生函数调用时，根据实参和形参的对应关系，将实参的值单向地传递给形参，供被调函数在执行时使用。这是C语言默认的参数传递方式。在被调函数执行过程中，对形参所做的任何修改都不会影响到实参值。

【例 9.7】通过参数传递数值设计求和函数。

```
int func(int x, int y)     /*定义函数 func()*/
{
   y=x+y;
   return (y);
}
int main()
{
    int a=3,b=4,c;
    c=func(a,b);    /*调用函数 func()*/
    printf("c=%d",c);
    return 0;
}
```

上例中 main( )函数通过执行 m=func(a,b)来调用 func( )函数。main( )函数中 a=3，b=4。如图 9-8 所示，发生函数调用时，系统为形参分配新的存储单元，实参 a=3、b=4 分别传给形参 x 和 y，被调函数中的操作在形参的存储单元中进行。执行被调函数时形参

x与y的值分别为3和7，在调用结束后，释放形参所占用的存储单元，实参a和b的值仍然为3和4，形参x与y的值并没有影响到实参a与b的值。被调函数 func（）通过返回值影响调用函数。

传值调用的特点：形参的改变不影响实参的值。

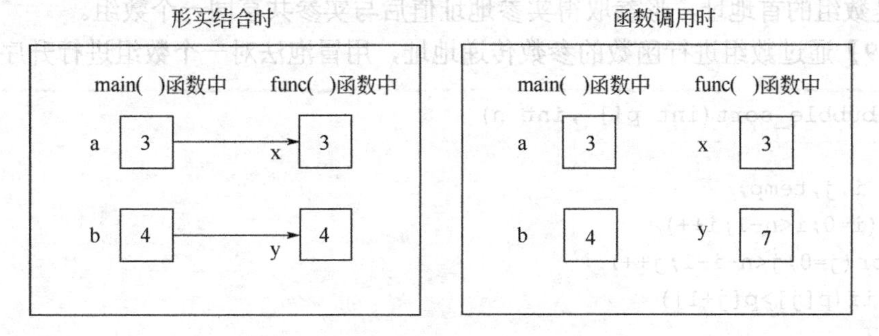

图9-8　函数的参数形实结合单向传递值

【例9.8】通过参数传递数值交换两数的值。

```
int main ()
{
  int a,b,c;
  a=5;
  b=10;
  swap(a,b);
  printf("a=%d,b=%d",a,b);
  return 0;
}
void swap ( int x,int y )
{
  int temp;
  temp=x;      /*语句 ①*/
  x=y;         /*语句 ②*/
  y=temp;      /*语句 ③*/
}
```

运行结果为：

```
a=5,b=10
```

上述实例在main( )函数中希望通过调用 swap（）函数交换a、b的值，但是从运行结果来看，这两数的值并未进行交换。

在调用 swap（）函数时，实参a与b的值分别传给形参x与y，由于传值方式是单向传递，传给x与y后，形参与实参不再产生联系。形参和实参结合之后执行 swap（）函数对x和y的值进行了互换，但是当返回主函数时，a与b的值并未受到影响，所以通过函数的参数传递数值并不能实现a与b两数值的交换。

如果想实现两数值的互换，要进行参数的地址传递，使形参的改变影响到实参。

9.3.3 函数的参数传递地址

在C语言中，一组同类数据可以用一个数组来存储。当要向函数传递一组同类数据时，可将参数设置为数组，此时形参和实参都是数组名。当形参和实参是数组名时，实参传递给形参的是数组的首地址，形参取得实参地址值后与实参共享同一个数组。

【例9.9】通过数组进行函数的参数传递地址，用冒泡法对一个数组进行升序排列。

```
void bubble_sort(int p[] ,int n)
{
  int i,j,temp;
  for(i=0;i<n-1;i++)
    for(j=0;j<n-i-1;j++)
      if(p[j]>p[j+1])
      {
        temp=p[j];
        p[j]=p[j+1];
        p[j+1]=temp;
      }
}
int main()
{
  int i;
  int a[10]={3,5,-6,88,34,76,54,28,22,75};
  printf("排序前：\n");
  for(i=0;i<10;i++)
    printf("%d  ",a[i]);
  printf("\n排序后：\n");
  bubble_sort( a,10);
  for(i=0;i<10;i++)
    printf("%d  ",a[i]);
  printf("\n");
  return 0;
}
```

程序的执行结果为：

```
排序前：
3  5  -6  88  34  76  54  28  22  75
排序后：
-6  3  5  22  28  34  54  75  76  88
```

同普通的参数传递一样，实际参数和形式参数的类型要一致。因此，形式参数是数组时，实际参数也应该是数组，并且形式参数和实际参数的数组类型也要一致。

在第8章我们已经知道，数组名代表的是数组元素在内存中的起始地址。按照参数传递的机制，在参数传递时以实际参数的值初始化形式参数，即将作为实际参数的数组起始地址赋值给形式参数的数组名，这样实际参数和形式参数的数组具有同样的起始地址，也就是说形式参数和实际参数的数组实际上操作的是同一个数组。传递一个数组需要两个参数：数组名和数组大小。数组名给出数组的起始地址，数组大小给出数组元素的个数。

由于数组传递本质上是首地址的传递，真正的元素个数是作为另一个参数传递的，因此形式参数中数组的大小是无意义的，通常可以省略，如例 9.9 中，函数定义中的函数头为 void bubble_sort(int p[] ,int n)。

数组参数传递的是地址这一特性非常有用，它可以在函数内部修改实际参数的数组元素值。

9.3.4 函数的参数传递小结

在函数调用时，实参的值应一一对应地传递给形参，实参与形参的个数应相等，类型应兼容。

形参只有所在函数被调用时才分配内存单元，在调用结束时，即刻释放所分配的内存单元。因此，形参只有在函数内部有效。函数调用结束返回主调函数后，不能再使用该形参。

除了用数组名作为函数形参来实现参数的地址传递以外，还有一种更广的应用，那就是用指针变量作为函数的形参实现地址传递，这将在第 11 章进行讲解。

9.4 函数的嵌套与递归

C 语言函数可以嵌套调用，也可以递归调用。

9.4.1 函数的嵌套调用

C 语言的函数定义都是互相平行、独立的。也就是说，在定义一个函数时，该函数体内不能再定义另一个函数，即不允许嵌套定义函数。但可以在一个函数中调用另一个函数。当被调函数中包含了对另一个函数的调用时，就构成了函数的嵌套调用。

例如：

```
int main ()
{
    …
    a();  //在main()调用函数a(),a()函数已在主函数之前声明或定义
    …
    return 0;
}
void a()
{
    …
    b();//在a()函数调用函数b(),b()函数已在a()函数之前声明或定义
    …
}
```

上例的调用关系如图 9-9 所示，在 main( )函数中调用了 a( )函数，a( )函数中又调用了 b( )函数。

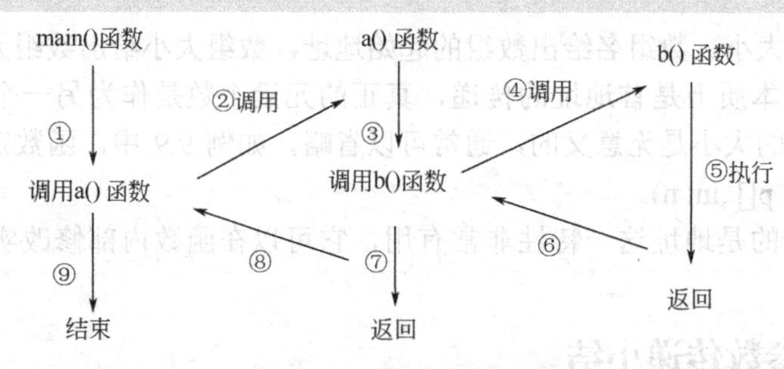

图 9-9　函数的嵌套调用

【例 9.10】计算三个数中最大数与最小数的差。

分析：为了求三个数的最大数与最小数的差，可以声明三个函数 max( )、min( )和 dif( )分别求三个数的最大数、最小数和最大数与最小数的差。在 dif( )函数中需要嵌套调用 max( )和 min( )函数。

其源代码如下：

```
#include <stdio.h>
int dif(int x,int y,int z); //声明 dif 函数计算最大数与最小数差
int max(int x,int y,int z); //声明 max 函数求最大数
int min(int x,int y,int z); //声明 min 函数求最小数
int main()
{
  int a,b,c,d;
  scanf("%d%d%d",&a,&b,&c);
  d=dif(a,b,c);
  printf("Max-Min=%d\n",d);
  return 0;
}
int dif(int x,int y,int z)
{
  return max(x,y,z)-min(x,y,z);//嵌套调用 max()和 min()函数
}
int max(int x,int y,int z)
{
  int r;
  r=x>y?x:y;
  return(r>z?r:z);
}
int min(int x,int y,int z)
{
  int r;
  r=x<y?x:y;
  return(r<z?r:z);
}
```

运行结果为：

```
2 3 4
Max-Min=2
```

9.4.2 函数的递归调用

函数的递归调用是C语言的重要特点之一。如果一个函数在调用的过程中直接或者间接地调用该函数本身，称为**函数的递归调用**。

例如：

```
int fn(int a)
{  int x, y;
   …
   y=fn(x);
   return (3*y);
}
```

函数 fn( )直接调用自身，称为直接递归调用。如图 9-10（a）所示。

如果在 f1( )函数执行过程中要调用 f2( )函数，而在 f2( )函数执行过程中又要调用 f1( )函数，这种情况称为函数的间接递归调用。如图 9-10（b）所示。

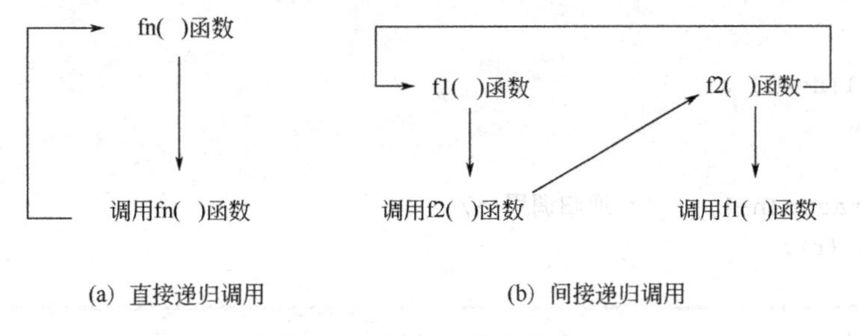

图 9-10 函数的递归调用

【例 9.11】求自然数 n 的阶乘（见图 9-11）。

分析：用递归方法求 n！，对应的递推公式为：

$$n!=\begin{cases}1 & (n=0,1)\\ n\times(n-1)! & (n>1)\end{cases}$$

递归包括递推和回归两个过程。通过递推过程找到实际问题与已知解（递推结束条件）之间的联系，通过回归解决实际问题。

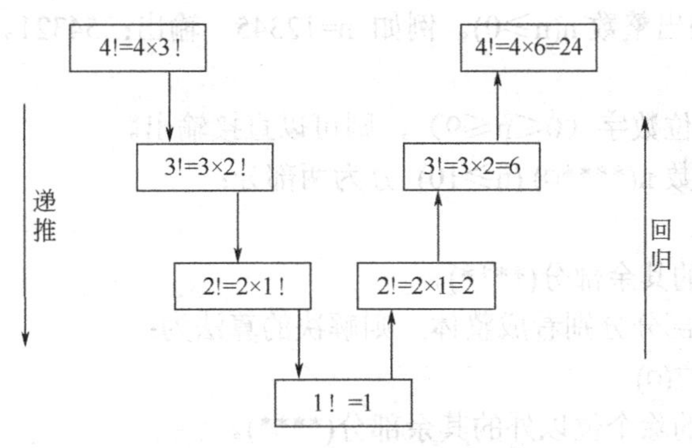

图 9-11 求自然数 n! 的过程

程序设计时，可以声明函数 facto( )求 n！。在该函数中为了求 n！要求出（n-1）！，为了求（n-1）！要求出（n-2）!…以此类推，直到 n=1。所以用一个 if…else…分支语句来控制递归过程，结束条件n=1或n=0在if条件中给出。该函数需要以所求自然数作为输入，求得的阶乘作为输出，因此形参和返回类型均设置为整型。

其源代码如下：

```
#include <stdio.h>
int main ( )
{
  int n, p;
  printf("N=?");
  scanf("%d",&n);
  p=facto(n);
  printf("%d!=%d\n",n,p);
  return 0;
}
int facto (int n )
{
  int r;
  if(n==1|n==0)
    r=1;
  else
    r=n*facto(n-1);  /* 递归调用 */
  return (r);
}
```

运行结果为：

```
N=?5
5!=120
```

当问题符合以下两个条件时，可以用递归法解决：

① 可以把要求解的问题转化为一个新的问题，这个新问题的解决办法与原来老问题相同，只是要求处理的对象（实际参数）的值有规律地递增或递减。

② 这种转化能使问题越来越简单，越来越接近并最终达到某个已经有明确答案的问题，即递推的“出口”，从而结束递推。

【例9.12】反序输出整数n(n≥0)。例如 n=12345，输出：54321。

分析：

① 若整数n为1位数字（0≤n≤9），则可以直接输出。

② 将任意一个整数n(****¤) (n≥10) 分为两部分：

a.个位(¤)。

b.除个位以外的其余部分(****)。

③ 将分解后的两部分分别看成整体，则解决的算法为：

a.输出n的个位(¤)

b.反序输出n的除个位以外的其余部分(****)。

由①推出递推终止条件，由③得到递归算法。

在prtn( )函数中，若整数n只有1位数字，则输出该整数n；若n的数字大于10，则先输出n的个位，然后调用prtn( )函数自身，反序输出n的除个位以外的其余部分。

其源代码如下：

```
#include <stdio.h>
void prtn(int n);
int main( )
{
  int n;
  printf("input the number n:");
  scanf("%d",&n);
  prtn(n);
  return 0;
}
void prtn (int n)    //问题规模为n
{
  if(0<=n&&n<=9)
     printf("%d", n);
  else
  {
     printf("%d",n%10);  /* 输出个位 */
     prtn(n/10);       /* 递归调用 */
  }
}
```

运行结果为：

```
input the number n:12345
54321
```

9.5 变量的作用域与存储

变量有其作用的时间范围和空间范围。**变量的生存期**是变量从其空间被开辟，到该空间释放所经历的时间。**变量作用域**指变量在程序中起作用的地域范围。

9.5.1 变量的作用域

变量的作用域即变量的作用范围（作用空间）、有效范围。变量按作用域范围可分为两种：局部变量和全局变量。

变量既可以在函数内定义，也可以在函数外定义。在函数内定义的变量称为**局部变量**（也称内部变量），在函数外定义的变量称为**全局变量**（也称外部变量）。

（1）局部变量

在函数内部定义的局部变量，只在本函数范围内有效，也就是说只有在本函数内才能使用它们，在这些函数以外不能使用这些变量。

① 形参变量属于被调用函数的局部变量。

例如，在如下的代码中，x和y是形参，都是局部变量，z是在f1( )函数定义的局部变量，它们的作用域都是从各自定义的位置开始到整个函数结束。f1( )函数定义的变量只供其内部使用，f2( )函数并未定义 z，因此不能使用变量 z。

```
int f1(int x,int y)
{
  int z;
  z=x>y?x:y;
  return(z);
}
void f2( )
{
  printf("%d\n",z);  //错误
}
```

② 主函数 main( )中定义的变量也是局部变量，它只能在主函数中使用，其他函数不能使用。

例如，在如下的代码中，main( )函数中只能使用 a 和 b 两个变量，不能使用 f3( )函数定义的局部变量 y；f3( )函数也不能使用 main( )函数定义的局部变量 a。

```
int f3(int x);
void main ( )
{
  int a=2,b;
  b=a+y;  //错误
  printf("%d\n",b);
}
int f3(intx)
{
  int y;
  y=a+5;  //错误
  return(y);
}
```

③ 在复合语句中定义的变量也是局部变量，其作用域只在复合语句范围内。

【例 9.13】在下面的代码中，第 4 行声明的局部变量 a 和 b 的作用范围到第 14 行结束，而第 6 行定义的局部变量 k 和 b 的作用范围只到第 11 行就结束了。因此第 13 行对 k 的引用是错误的。

```
1. #include <stdio.h>
2. void main( )
3. {
4.   int a=2,b=4;
5.   {
6.     int k, b;
7.     k=a+5;
8.     b=a*5;
9.     printf("k=%d\n",k);
10.    printf("b=%d\n",b);
```

```
11.  }
12.  printf("b=%d\n",b);
13.  a=k+2;  //错误
14.}
```

删除第13行后，程序的运行结果为：

```
k=7
b=10
b=4
```

（2）全局变量

全局变量也称为外部变量，是在函数外部定义的变量。它不属于哪一个函数，而是属于一个源程序文件。其作用域是从定义该变量的位置开始至整个源程序文件结束或有 extern 说明的其他源文件结束。

【例9.14】输入一个数，判断其正负，并对该数求平方根。

分析：该题需要用到一个判断某数正负的函数，还要对该数求平方根，那么就需要一个全局变量定义该数，设该数为n，判断正负的函数为sign( ),求平方根用系统函数sqrt( )。由于要用到系统函数，故要包含math.h头文件。

源代码如下：

```
#include <stdio.h>
#include <math.h>
float n=0;
int main( )
{
  int s;
  float t;
  scanf("%f",&n);
  s=sign( );  //取符号
  if(s<0)
    n=-n;          //如果该数为负数则要变号
  t=sqrt (n );   //取平方根
  printf ("s=%dt=%f",s,t);
  return 0;
}
int sign  ( )
{
  int  r=0;            //n=0 返回 0
  if(n>0)
    r=1;   //n>0 返回 1
  if(n<0)
    r=-1;  //n<0 返回-1
  return(r);
}
```

例9.14中，全局变量n的作用域从第3行定义的位置开始，到整个程序结束。

① 在函数中使用全局变量，一般应作全局变量说明。全局变量说明可以扩展变量的作

用域。全局变量的说明符为 extern。但在一个函数之前定义的全局变量，在该函数内使用可不再加以说明。

【例 9.15】 使用 extern 说明全局变量。

```
1.   #include <stdio.h>
2.   void gx( ),gy( );
3.
4.   int main ( )
5.   {
6.   extern  int x, y;
7.   printf("1: x=%d\ty=%d\n",x,y);
8.   y=246;
9.   gx( );gy( );
10.   return 0;
11. }
12. extern int x,y;
13. void gx( )
14. {
15.
16.   x=135;
17.   printf("2: x=%d\ty=%d\n",x,y);
18. }
19. int x=0,y=0;
20. void gy( )
21. {
22.    printf("3: x=%d\ty=%d\n",x,y);
23. }
```

运行结果为：

```
1: x=0       y=0
2: x=135     y=246
3: x=135     y=246
```

例 9.15 中，在第 19 行定义了全局变量 x 和 y，但如果要在 main( )函数和 gx ( )函数中使用，必须在这两个函数之前或者函数内部用 extern 进行声明。如果去掉第 6 行和第 12 行，该程序运行显示如下错误，提示变量未定义。

error: 'x' undeclared (first use in this function)

error: 'y' undeclared (first use in this function)

如果只有第 6 行的引用，去掉第 12 行，该程序也会显示未定义错误，因为第 6 行的语句对 gx()函数不可见，其可见性仅限于 main 函数的局部作用域中。

可以把语句 extern int x, y;写在第 3 行，这样该语句对 main( )函数和 gx( )函数都有效，就可以省去第 6 行和第 12 行的语句。

也可以分别在第 6 行和第 15 行分别用 extern 在函数内部进行声明。

② 若外部变量与局部变量同名，则外部变量被屏蔽。要引用全局变量，则必须在变量名前加上两个冒号“::”。

需要注意的是：局部变量与全局变量同名极易导致程序员犯逻辑错误。编程时最好不要同名，给全局变量加一个::这样的前缀。

【例 9.16】局部变量与全局变量同名。

```
#include <stdio.h>
#include <stdlib.h>
int a=10;       //全局变量
int main( )
{
  int a=100;    //局部变量（与全局变量同名）
  printf("local a=%d\n",a);
  printf("global a=%d\n",::a);
return 0;
}
```

程序运行结果为：

```
local a=100
global a=10
```

③ 应尽量少使用全局变量。因为全局变量在程序整个执行过程中始终占用存储单元；全局变量降低了函数的独立性、通用性、可靠性及可移植性；全局变量降低程序清晰性，容易出错。

9.5.2　变量的存储

C 语言的源程序可以由若干个文件组成，这些文件可能是后缀为“.h”的头文件，也可能是后缀为“.c”的源文件，每个源文件又可以含有一个或多个函数，每个函数是一个独立的程序模块，所有的函数由 main( )函数统一进行调用。

（1）程序的内存区域

一个程序将操作系统分配给其运行的内存块分为 4 个区域：代码区、全局数据区、堆区和栈区。如图 9-12 所示。

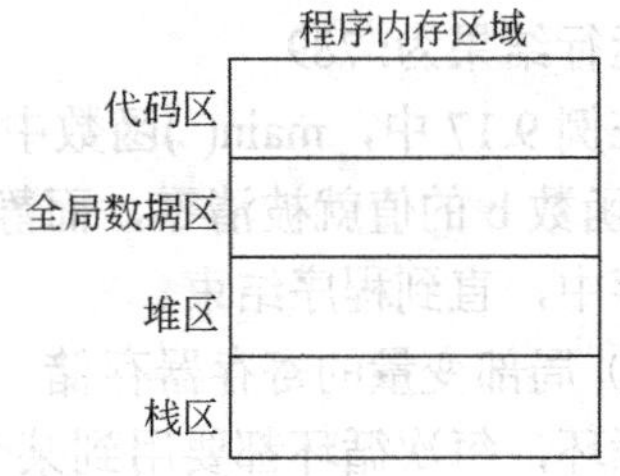

图 9-12　程序内存区域分区示意图

① 代码区：存放程序的代码，即程序中各个代码块。

② 全局数据区：存放程序的全局数据和静态数据。

③ 堆区：存放程序的动态数据。

④ 栈区：存放程序的局部数据，各个函数中的数据。

（2）变量的存储方式与生存期

C 语言中每一个变量和函数有两个属性：数据类型和数据的存储类型。数据类型指数据在内存的大小；数据的存储类型指的是数据在内存中的存储方式。数据的存储方式分为两大类：静态存储和动态存储，具体包含四种：自动的（auto）、静态的（static）、寄存器的（register）、外部的（extern）。

变量的存储方式决定变量存在的时间（即生存期）。

变量说明的一般形式：

[存储类型说明符]　数据类型说明符　变量名称;

① 局部变量的存储。静态局部变量与自动变量均属于局部变量。**静态变量**是用关键字 static 声明的变量。静态变量可以是全局变量也可以是局部变量。静态局部变量若在定义时未赋初值，则系统自动赋初值 0。静态局部变量只能赋一次初值，而自动变量则可以多次赋初值。

静态局部变量生存期长，为整个源程序，自动变量生存期短。静态局部变量的生存期虽然为整个源程序，但是其作用域仍与自动变量相同。

【例 9.17】自动变量和静态变量。

```
#include <stdio.h>
int f(int a)
{
  auto int b=0;       //自动变量声明一般省略 auto
  static int c=3;     //声明静态局部变量并赋初值
  b=b+1;
  c=c+1;
  return (a+b+c);
}
int main()
{
  int a=2,i;
  for(i=0;i<3;i++)
    printf("%d",f(a));
  return 0;
}
```

运行结果为: 789

在例 9.17 中，main( )函数中每调用一次 f( )函数，自动变量 b 就赋一次初值，即每次调用 f( )函数 b 的值就被清零，而静态变量 c 只赋一次初值，每次调用 f( )函数后 c 的值会保存在内存中，直到程序结束。

② 局部变量的寄存器存储。如果一些变量使用特别频繁（如一个函数中执行 10000 次以上循环，每次循环都要用到某个局部变量），为了减少访问内存时间，提高效率，C 语言允许将局部变量的值存于运算器的寄存器中，这种变量称为**寄存器变量**，用关键字 register 作说明。

【例 9.18】寄存器变量。

```
#include <stdio.h>
int fac(int n)
{
  register int i,f=1;
  for(i=1;i<=n;i++)
    f=f+1;
  return f;
}
int main()
{
```

```
    int i;
    for(i=1;i<=5;i++)
     printf("%d! = %d\n", i, fac(i));
    return 0;
}
```

这里如果n的值很大，采用register定义循环变量则能节约许多执行时间。

③ 全局变量的存储。全局变量在函数的外部定义，编译时分配在全局静态存储区。全局变量可以为程序中各个函数所引用。

a.允许其他文件中的函数引用，如果在一个文件中要引用在另一个文件中定义的全局变量，应该在需要引用的文件中用extern作说明。

【例9.19】在同一个工程下建立file1和file2文件。file2文件中引用file1文件定义的全局变量。

file1文件源代码如下：

```
//file1.c:
#include <stdio.h>
int a=5;
void p()
{
   int b=3,c;
    c=a*b;
}
```

file2文件代码如下：

```
//file2.c:
#include <stdio.h>
extern int a;
int main()
{
    int y=3, z;
    z=y*a;
    printf("%d",z);
    return 0;
}
```

程序运行结果为：15

在该例中，通过extern int a;语句，file2可以引用file1定义的变量a。

b.限定只被本文件中的函数引用。希望某些全局变量只限于被本文件引用而不能被其他文件引用。这时可以在定义外部变量时前面加一个static说明。

如果把file1.c的第1行对a的定义改为“static int a; ”，即使file2.c中使用extern int a;引用变量，file2仍然无法使用file1中的全局变量a。

变量可以从作用域、存储类型、存储方式、存储区域、生存周期等方面划分，如表9-1所示。

表 9-1　变量的分类及作用域和生存周期

作用域		存储类型	存储方式	存储区域	生存周期
局部变量	函数内部变量	auto	动态存储	内存栈区	函数运行到结束
		static	静态存储	全局数据区	函数运行到程序结束
		register	动态存储	CPU 寄存器	函数运行到结束
	形式参数	auto	动态存储	内存栈区	函数运行到结束
		static	静态存储	全局数据区	函数运行到程序结束
		register	动态存储	CPU 寄存器	函数运行到结束
全局变量		static	静态存储	全局数据区	程序编译到程序结束
		extern	静态存储	全局数据区	程序编译到程序结束

9.6　本章小结

利用模块化程序设计思想进行C语言编程时，可以采用多文件结构。模块可以用函数来实现，从而把复杂问题分解，方便实现系统功能。C 语言程序设计过程中，无论程序算法多么复杂，规模多么庞大，最终都能落实到一个个简单的单一功能的函数编写之中。实际上，C 语言程序设计的基本工作就是函数的设计和编制。

本章介绍的主要内容有：

（1）函数的分类

从函数定义的角度分为：系统函数和用户自定义函数。

从函数参数的角度分为：有参函数和无参函数。

从函数能否被其他源文件调用的角度分为：内部函数和外部函数。

（2）函数的定义和说明

函数的定义一般遵循两个原则：

① 函数所要完成的功能明确，规模适中。规模太大，将会导致函数结构复杂，影响程序的编写、阅读和调试；规模太小，将会导致函数过多，其间的关系烦琐，不利于程序的分析，降低效率。

② 函数之间的数据传递越少越好（即函数定义时形参个数越少越好）。

函数定义的一般形式：

```
[static/extern] 类型说明符 函数名（[形参列表]）
        {
            函数体
        }
```

函数声明的一般形式：

```
[extern] 类型说明符 函数名（[形参列表]）;
```

函数定义与函数声明的区别：

① 函数定义是指对函数功能的定义，它是一个完整的、独立的函数单位，由函数首部和函数体组成。

② 函数声明是指调用主调函数之后定义的函数或其他源文件中的函数所进行的函数及形参类型的声明，由函数首部构成，不包括函数体。

（3）函数调用的一般形式：

函数名（[实参表]）

（4）函数的参数和返回值

① 函数的参数分为两种：形参和实参。形参出现在函数定义或声明中，实参出现在函数调用中。实参将数据（数值或地址值）传递给形参。

用变量作函数的参数时，实参对形参的数据传递是单向的值传递。

用数组名作函数的实参和形参，实际上是把实参数组的首地址单向地传递给了形参，形参数组和实参数组共同拥有一段内存空间。地址传递是双向的。

② 函数的返回值是指函数被调用、执行完后返回给主调函数的值。它是通过被调函数中的 return 语句实现的。

（5）函数的嵌套和递归调用

① 函数被调用的过程中又调用另一个函数，称为函数的嵌套调用。

② 函数直接或间接地调用自身，称为函数的递归调用。递归调用是一个很有意义的算法，它需要有递归调用的形式和结束递归调用的条件。

（6）变量的作用域和存储方式

① 变量的作用域是指变量在程序中的有效范围。按作用域分，变量分为局部变量和全局变量。

② 变量的存储方式是指变量在内存中的存储类型，它表示了变量的生存期，分为静态存储和动态存储。

函数设计的重点和难点是如何合理地组织函数的功能，如何恰当地设置函数的参量及返回值，以及如何正确和有效地调用函数。

课后习题

1. C 程序的基本结构单位是（ ）。

A.文件 B.语句 C.函数 D.表达式

2. 一个 C 语言程序的执行是（ ）。

A.从程序的主函数 main( )开始到主函数 main( )结束

B.从程序的第一个函数开始到最后一个函数结束

C.从程序的主函数 main( )开始到最后一个函数结束

D.从程序的第一个函数开始到程序的主函数 main( )结束

3. 下列函数定义的首部正确的是（ ）。

A. double fun(int x,int y) B. double fun(int x;int y)

C. double fun(int x, y) D. double fun(int x, y;)

4. 下面说法不正确的是（ ）。

A.通常 C 程序是由许多小函数组成的，而不是由少量的大函数组成的

B.在源文件中可以用不同的顺序定义函数

C.通常调用函数前函数必须被定义或声明

D.dummy( ){ }是无用的函数

5. 若函数的形参为一维数组，则下列说法中正确的是（　）。

A.调用函数时的对应实参必为数组名

B.形参数组可以不指定大小

C.形参数组的元素个数必须等于实参数组的元素个数

D.形参数组的元素个数必须多于实参数组的元素个数

6. 有以下函数调用语句：func(rec1,rec2+rec3,rec4);该函数调用语句中含有的实参个数是（　）。

A.3　　B.4　　C.5　　D.有语法错

7. 下面程序的结果是（　）。

```
#include<stdio.h>
increment()
{
  static int x=0;
  x+=1;
  printf("%d",x);
}
int main()
{
  increment();
  increment();
  increment();
  return 0;
}
```

A.1 1 1　　B.1 2 3　　C.0 1 2　　D.0 0 0

8. 下面叙述正确的是（　）。

A.全局变量的定义在它的文件中的任何地方都是有效的

B.全局变量在程序的全部执行过程中一直占用内存单元

C.同一文件中的变量不能重名

D.使用全局变量有利于程序的模块化和可读性的提高

9. 下面的程序计算10个同学一科成绩的平均分，请填空。

```
#include <stdio.h>
___①___average (float array[10])
{
  int i;
  float sum=array[0];
  for(i=1;i<10;i++)
     sum+=array[i];
  return sum/10;
}
int main()
{
    float score[10],aver;
    int i;
    for(i=0;i<10;i++)
```

```
    scanf("%f",____②____);
   aver=____③____;
   printf("average score is %5.2f\n", aver);
return 0;
}
```

10. 以下程序的运行结果是______。

```
#include <stdio.h>
inct()
{
  int x=0;
  x+=1;
  printf("x=%d\t", x);
}
incl()
{
   static int y=0;
   y+=2;
   printf("\ny=%d\t", y);
}
int main()
{
   inct();
   inct();
   inct();
   incl();
   incl();
   incl();
}
```

11. 以下程序的运行结果是______。

```
#include <stdio.h>
f(int a[])
{
  int i=0;
  while(a[i]<=10)
   {
    printf("%d",a[i]);
    i++;
   }
}
int main()
{
  int a[]={1,5,10,9,11,7};
  f(a+1);
  return 0;
}
```

12. 已有如下 main( )函数，请写出 carea( )函数，它接收圆的半径 r 后，得到圆的面积及圆的周长(c1)。

```
int main( )
{
  float r, area;
  printf("r=?");
  scanf("%f",&r);
  area=carea(r);
  printf("r=%5.2f,area=%5.2f,c1=%5.2f\n",r,area,cl);
  return 0;
}
float c1; /*定义全局变量c1 */
float carea(float r)
{
  ____________

}
```

13. 有五个人坐在一起，问他们分别多少岁。第五个人说他比第四个人大 2 岁，第四个人说他比第三个人大 2 岁，第三个人说他比第二个人大 2 岁，第二个人说他比第一个人大 2 岁，第一个人说他 10 岁。请问第五个人多少岁。根据分析，有如下公式:

```
age(n)=10            (n=1)
     =age(n-1)+2     (n>1)
```

程序如下，请填空:

```
age(int n)
{
    int c;
    if(n==1)
        c=10;
  else c=____①____;    /*递归调用*/
  return(____②____);
}
int main()
{
  printf("%d", age(5));
  return 0;
}
```

14. 下面的程序是用递归算法求 a 的平方根。求平方根的迭代公式如下: $Xn+1=\frac{1}{2}\left(Xn+\frac{a}{Xn}\right)$，请填空。

```
#include<stdio.h>
#include <math.h>
double mysqrt ( double a, double x0 )
{
  double x1, y;
  x1 =____①____;
  if( fabs(x1-x0)>0.00001 )
     y = mysqrt(____②____);
  else
```

```
        y = x1;
    return( y );
}
int main()
{
    double x;
    printf("Enter x: ");
    scanf("%lf", &x);
    printf("The sqrt of %lf=%lf\n", x, mysqrt( x, 1.0) );
    return 0;
}
```

15. 以下程序通过调用max( )函数求a、b中的大数，请写出max函数的定义。

```
int main()
{
   int a, b, c;
   scanf ("%d, %d", &a, &b);
   c=max(a,b);
   printf ("max=%d",c);
   return 0;
}
```

16. 下面的函数可以输出数字金字塔，请写出main( )函数调用它，输出3、5、7以内的数字金字塔。

```
#include<stdio. h>
void pyra (int n)
{
  int i,j;
  for (i=1;i<=n;i++)
  {
    for(j=1;j<=n-i;j++)
       printf("");
       printf ("%d", i);
       printf("\n");
  }
}
```

17. 以下程序求三角形的面积，请写出判断是否是三角形的pb函数和求面积的area函数的定义。

```
#include <math. h>
#include <stdio. h>
int main()
{
   int a,b,c;
   scanf("%d,%d,%d",&a,&b,&c);
   if(pb(a,b,c))
     printf("area=%d",area(a,b,c));
   else
     printf("input error!");
```

```
    return 0;
}
```

18. 编写一个函数求x的n次方（n是整数），在主函数中调用它求5的3、4、5、6次方。

19. 编写一个函数，选出能被3整除且至少一位是5的两位数，用主函数调用这个函数，并输出所有这样的两位数。

20. 编写一个函数，由实参传来一个字符串，统计此字符串中字母、数字、空格和其他字符的个数，在主函数中输入字符串并输出统计结果。

21. 编写一个可以将字符串逆序的函数，在主函数中调用该函数将输入字符串逆序输出。

22. 见面分一半：一只小猴子跑到果园里摘桃子，不一会儿就摘到了好多，它很高兴，背起来就往家走。可是没走几步，就被山神拦住了，山神说这片果园是它的，见面要分一半。小猴子无奈，只好把桃分了一半给山神。分完以后，山神看见小猴子的包里有一个特别大的桃，又拿走了那个桃。小猴子很生气，背着桃悻悻地走了。没走多远，又被风爷爷拦住了，同样风爷爷也从小猴子的包里拿走了一半外加一个桃子。之后，小猴子又被雨神、雷神、电神用同样的办法拿了桃。等小猴子到家的时候，包里只剩下一个桃了。小猴子委屈地向妈妈诉说自己的遭遇。妈妈问它原来有多少个桃，小猴子说它也不知道。但妈妈算了一下，很快就知道小猴子原来有多少个桃了。你知道有多少个吗?

23. 如果有一个正整数从左、右来读都是一样的，则称该数为回文式数（简称回数）；例如101、32123、999都是回数。数学中有名的“回数猜想”之谜，至今未解决。

回数猜想：任取一个数，再把它倒过来，并把这两个数相加，然后把这个数再倒过来，与原数相加，重复此过程，一定能获得一个回数。

例：68 倒过来是86

68+86=154

154+541=605

605+506=1111（回数）

编程，输入任意整数，按上述方法产生一个回数，为简便起见，最多计算7步，看能否得到一个回数。

要求：主函数中接收键盘数据，必须用 scanf("%d",&变量名)接收整型数据，显示该数与其倒过来的数的和，输出每一步计算步骤。

子函数1计算该数的倒过来的数。子函数2验证和是否为回数，是则主函数打印“经过m次计算，得到回数n”，超过7次未能得到回数，显示“经过7次计算，未能得到回数”。

第 10 章

自定义类型

在 C 语言中程序不仅用于数值计算，还广泛应用于非数值数据处理，甚至是具有一定结构的非数值数据处理，例如性别、月份、颜色、图书、学生、教室等。当基本数据类型不能满足程序设计需求时，程序员可以按照需求自定义一些数据类型。

本章将介绍三种自定义数据类型：结构体类型、共用体类型和枚举类型。

由一系列相同或不同类型数据构成的数据集合，用于表示具有一定结构的复杂数据称为结构体类型。

使用覆盖技术把几种不同类型的变量存放到同一段内存单元中互相覆盖以节省内存空间。这种结构在 C 语言中被称作共用体类型。

枚举是用自然语言中含义清楚的单词表示变量取值的一种方法，这种方法使程序更容易阅读和理解，用这种方法定义的类型称枚举类型。

本章学习目标与要求：

① 理解结构体类型的含义；

② 掌握结构体类型的定义及使用；

③ 了解共用体类型的定义及使用；

④ 了解枚举类型的定义及使用。

10.1 结构体

结构体(struct)是由一系列相同或不同类型数据构成的数据集合，用以实现较复杂的数据结构。结构体中可以声明变量、指针或数组等。

10.1.1 结构体类型

C 语言中，用若干数据类型相同的元素按一定顺序构成一维数组。一维数组是从同一个方面描述不同个体。比如五位同学的身高，我们可以用身高 1、身高 2、……、身高 5 来表示，如图 10-1（a）所示。而结构体是从多个方面描述同一个个体，可以从学号、性别、……、体重等方面描述某一位同学的属性，如图 10-1（b）所示。构成结构体的数据元素称为**结构体成员**(member)。数组中每个元素的数据类型必须相同，结构体中每个结构体成员则可以有不同的数据类型。

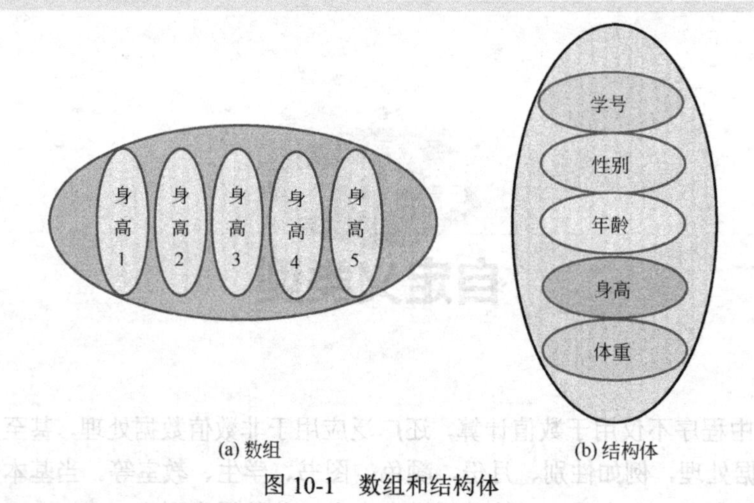

(a) 数组　　(b) 结构体

图 10-1　数组和结构体

10.1.2　结构体的定义与声明

结构体的声明与定义形式如下：

```
struct 结构体名称{
  结构体成员列表
}结构体变量名;
```

如：

```
struct tag{
   member-list
}variable-list;
```

struct 为结构体关键字，tag 为结构体的标志或称为**结构体名**，member-list 为**结构体成员列表**，必须列出其所有成员；variable-list 是为此结构体声明的**结构体变量**。其中 tag 与 variable-list 至少要出现 1 个。

结构体的声明有以下三种情况：

第一种情况，省略了结构体名 tag，直接生成结构体变量 s1 和结构体数组 s2[20]。

```
struct {
   int a;
   char b;
   double c;
} s1, s2[20];
```

第二种情况，先声明结构体 Simple1，再声明结构体变量 t1 和结构体数组 t2[20]，用两个语句分别实现。

```
struct Simple1{
  int a;
  char b;
  double c;
};
struct Simple1 t1, t2[20] ;
```

第三种情况，用 typedef 声明结构体 Simple2，之后再利用结构体名 Simple2 声明结构体变量 u1 和结构体数组 u2[20]。

```
typedef  struct {
  int a;
  char b;
  double c;
}Simple2;
Simple2 u1, u2[20] ;
```

10.1.3 结构体变量的初始化与赋值

【例 10.1】定义学生结构体，并对其进行初始化。

以下程序首先定义结构体 student，再定义结构体变量 sw1 并对其进行初始化。

```
typedef  struct {
  char num[11];
  char name[7];
  char sex;
  float score[M];
  float total;
} student;
student  sw1={" 1508100201 ","丁兆云", 'M' ,92 , 73, 67, 92, 74, 90, 0} ,sw2;
```

对 student 类型的结构体变量 sw1 的初始化可以通过整体赋初值进行。

结构体变量的赋值有两种情况：第一种情况，可以通过每个结构体成员逐一赋值；第二种情况，对于相同类型的结构体变量进行整体赋值。

对结构体成员的访问方式：

结构体变量名.结构体成员名

```
strcpy(sw1.num,"1508100201");     //对结构体成员 num 单独赋值
strcpy(sw1.name, "丁兆云");
sw1.sex='M';
sw1.score[0]=92;
sw1.score[1]=73;
sw1.score[2]=67;
sw1.score[4]=74;
sw1.score[5]=90;
sw1.average=0;
sw2=sw1;   //相同类型的结构体变量整体赋值
```

结构体数组可以通过上述结构体声明的三种情况进行声明，通过第二种情况可以声明结构体数组 t2。

struct Simple1 t2[20] ;　　//声明结构体数组 t2

结构体数组中每个元素是一个结构体变量，因此在引用时要遵守引用结构体变量的规则。结构体数组元素引用的一般形式：

数组名[下标].成员名

例如：

```
t2[0].a=10;
t2[0].b='f';
t2[0].c=11.3;
```

10.1.4 结构体应用

【例10.2】设计一种结构存储表10-1所示的数据，根据计算所得总分由大到小的顺序排序输出。

表10-1 学生成绩表

学号	姓名	性别	C语言	体育	英语	高数	近代史	导论	总分
1508100201	丁原博	男	92	73	67	92	74	90	
1508100202	李云	男	92	75	63	76	75	55	
1508100203	董丽珠	女	71	85	68	71	66	77	

① 存储结构设计：

```
typedef  struct {
  char num[11];
  char name[8];
  char sex;
  float score[M];
  float total;
} student;
//用结构体数组存储一个班级学生的信息
student  sw[N];
```

② 读入N名同学信息和M门功课成绩，并计算总分：

```
for(i=0;i<N;i++)
{
  printf("输入学号: ");
  gets(sw[i].num);
  printf("输入姓名: ");
  gets(sw[i].name);
  printf("输入性别(M or F): ");
  ch=getchar();
  if(ch=='m'||ch=='M')
    sw[i].sex='M';
  else
    sw[i].sex='F';
  sw[i].total=0;
  for(j=0;j<M;j++)
  {
    printf("输入成绩%d: ",j+1);
    scanf("%f",&sw[i].score[j] );
    sw[i].total+=sw[i].score[j];
  }//for(j=0;j<M;j++)
```

```
    fflush(stdin);
  }//for(i=0;i<N;i++)
```

③ 对 n 名同学根据总分由大到小排序：

```
void sort(student s[],int n)
{
  int i,j;
  student temp;
  for (i=0;i<n-1;i++)
    for(j=0;j<n-1-i;j++)
      if(s[j].total<s[j+1].total)
      {
         temp = s[j];
         s[j] = s[j+1];
         s[j+1] = temp;
      }
}
```

④ 对排序结果的输出：

```
printf("-------------------------------------------------\n");
printf("|名次|学号|姓名|性别|成绩 1|成绩 2|成绩 3|成绩 4|成绩 5|成绩 6|总分|\n");
printf("-------------------------------------------------\n");
for(i=0;i<N;i++)
{
  printf("|%4d|%10s",i+1,sw[i].num);
  printf("|%6s",sw[i].name);
  if(sw[i].sex=='M')
    printf("| 男 ");
  else
    printf("| 女 ");
  for(j=0;j<M;j++)
    printf("|%5.1f",sw[i].score[j]);
  printf("|%5.1f|\n",sw[i].total);
  printf("----------------------------------------------\n");
}
```

10.1.5　结构体的嵌套定义

```
struct date
{
  int month;
  int day;
  int year;
};
struct{
  int num;
```

```
    char name[20];
    char sex;
    struct date birthday;//嵌入结构体 date 的变量 birthday
    float score;
}student1,student2;
```

表示结构体变量成员的一般形式是：

结构变量名.成员名

例如：student1.num、student2.sex、student1.birthday.month

10.2 共用体

10.2.1 共用体类型定义

某工会组织为工会会员建立登记卡片，包括姓名、性别、年龄、婚姻状况（未婚、已婚、离婚）、婚姻状况标记等信息。

如图 10-2 所示，婚姻状况因人而异，在某一时刻只能是未婚、已婚、离婚三者其中之一，未婚、已婚、离婚共用婚姻状况。

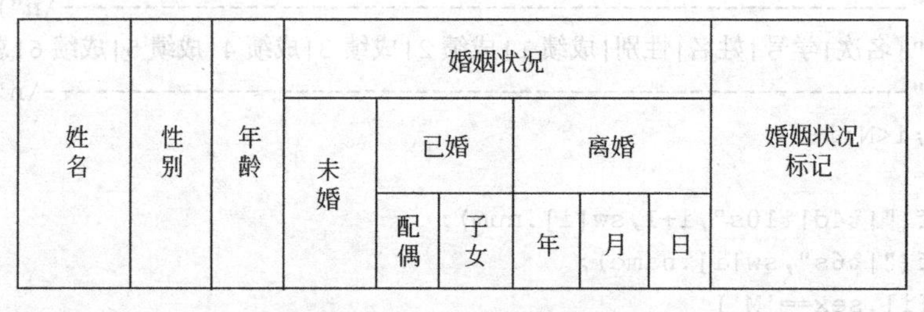

图 10-2 工会会员信息表

共用体定义格式如下：

```
union 共用体名
{
  成员表列
};
```

例如：

```
union data
{
  int a;
  float b;
  char ch;
};
union data s1,s2;
```

对于共用体来说，具有以下特性：

① 同一个内存段可以用来存放几种不同类型的成员，但是在每一瞬间只能存放其中的一种，不同时存在和起作用，起作用的是最后一次存放的成员。

② 共用体变量的初始化

```
union data s1=s2;    //用一个共用体变量初始化另一个共用体变量
union data s1={123};    //初始化共用体为第一个成员
```

③ 共用体变量中起作用的成员是最后一次存放的成员，在存入一个新成员后，原有成员就失去作用。

如图 10-3 所示，共用体类型 data 的三种不同类型成员 a（int）、b（float）、ch（char）在不同时刻共享以 1000 为起始地址的内存空间，成员 a 存在时，成员 b 和 ch 不存在，a 占用地址为 1000~1003 的连续 4 个字节内存空间。当成员 b 存在时，成员 a 和 ch 不存在，b 同样占用地址为 1000~1003 的连续 4 个字节空间。当成员 ch 存在时，成员 a 和 b 不存在，ch 只占地址为 1000 的字节空间。

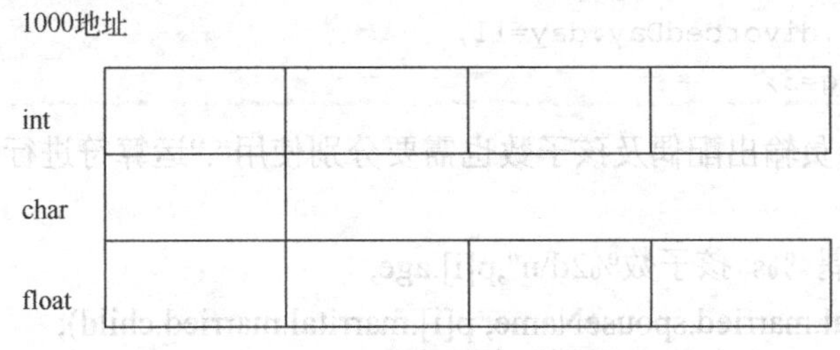

图 10-3　共用体成员在内存中的存储大小

10.2.2　工会会员类型定义

【例 10. 3】对图 10-2 的工会会员信息进行定义，并输出相应的内容。

首先定义结构体 person，用来存储工会会员信息。

```
struct person{
  char name[20];
  char sex;
  int age;
  union  {
    int single;
    struct {
      char spouseName[20];
      int child;
    } married;
    struct date divorcedDay;    //10.1.5 节已事先定义 date 结构体
  } marrital;
  int marryFlag;
};
```

以下定义长度为 3 的结构体数组 p。

```
struct person p[3]={"郑亚文",'M',29,1,1};
```

结构体数组元素有两种赋值方式。第一种，将数组第一个元素 p[0]的值整体赋值给第二个元素 p[1]，例如：

p[1]=p[0];

第二种方式，通过“数组名[下标].结构体成员”的方式，逐一对结构体数组成员赋值。例如：

```
strcpy(p[1].name,"李晨");
p[1].age=34;
strcpy(p[1].marrital.married.spouseName,"孙晓");
p[1].marrital.married.child=1;
p[1].marryFlag=2;
```

对已婚的会员，需要依次通过成员运算符“.”进行访问，例如：

p[1].marrital.married.spouseName

对于离婚的会员，也要依次用“.”运算符访问其离婚年、月、日，例如：

```
p[2].marrital.divorcedDay.year=2019;
p[2].marrital.divorcedDay.month=1;
p[2].marrital.divorcedDay.day=11;
p[2].marryFlag=3;
```

如果对已婚的会员输出配偶及孩子数也需要分别使用“.”运算符进行引用。

例如：

printf(" %2d 配偶 %s 孩子数%2d\n",p[i].age,
    p[i].marrital.married.spouseName, p[i].marrital.married.child);

引用共用体变量的要点如下：

在Code::Blocks中共用体变量既可以整体引用，也可以通过成员引用。例如：

```
union test
{
   char mark;
   long num;
   float score;
};
union test a={'c'};
```

通过union test a；声明a后也可以通过 a.mark = 'b';对a赋值。

union test w={12};

可以通过以下方式，输出共用体变量a中的值：

printf("%c\n",a); 或 printf("%c\n",a.mark);

而通过结构体数组 p[i]引用结构体中的共用体则要一步一步来引用，如通过p[i].marrital.divorcedDay.year，引用第i个结构体成员的婚姻状况离婚的年份。

该程序完整的源代码如下：

```
#include <stdio.h>
#include <string.h>
struct date
{
  int month;
  int day;
  int year;
};
struct person
{
```

```
    char name[20];
     char sex;
     int age;
     union
    {
     int single;
     struct
     {
       char spouseName[20];
       int child;
     } married;
     struct date divorcedDay;
    } marrital;
    int marryFlag;
  };
  int main()
  {
    struct person p[3]={"郑亚文",'M',29,1,1};//定义结构体数组
    p[1]=p[0]; //结构体数组整体赋值
    //对结构体数组元素逐个赋值
    strcpy(p[1].name,"李晨");
    p[1].age=34;
    strcpy(p[1].marrital.married.spouseName,"孙晓");
    p[1].marrital.married.child=1;
    p[1].marryFlag=2;
    p[2]=p[1];
    p[2].age=45;
    strcpy(p[2].name,"刘晓光");
    p[2].marrital.divorcedDay.year=2019;
    p[2].marrital.divorcedDay.month=1;
    p[2].marrital.divorcedDay.day=11;
    p[2].marryFlag=3;
    int i;
    //输出结构体数组
    for(i=0;i<3;i++)
    {
      printf("%d %6s",i+1,p[i].name);
      if(p[i].sex=='M'||p[i].sex=='m')
        printf(" 男");
      else
        printf(" 女");
      printf(" %2d",p[i].age);
      if(p[i].marryFlag==1)
        printf(" 未婚\n");
      else if(p[i].marryFlag==2)
        printf(" 配偶姓名：%s 孩子数：%2d\n",
                       p[i].marrital.married.spouseName,
```

```
                    p[i].marrital.married.child);
        else if(p[i].marryFlag==3)
          printf(" 离婚日期： %d年%d月%d日\n",
                p[i].marrital.divorcedDay.year,
                p[i].marrital.divorcedDay.month,
                p[i].marrital.divorcedDay.day);
  }
  return 0;
}
```

运行结果为：

```
1 郑亚文 男 29 未婚
2 李  晨 男 34 配偶姓名：孙晓 孩子数： 1
3 刘晓光 男 45 离婚日期：2019年1月11日
```

10.2.3 共用体与结构体的区别

如图10-4所示，struct和union都由多个不同的数据成员组成，在使用时比较容易混淆，它们之间的区别主要有以下三点：

① struct和union都由多个不同的数据成员组成，但在任一时刻，union中只有一个被选中的成员，而struct的所有成员都存在。

② 在struct中，各成员有独立的内存空间。struct变量长度等于所有成员长度之和。在union中，所有成员共享一个存储长度最长的存储空间。union变量长度等于存储长度最长的成员长度。

③ 对于union成员赋值，将会重写其他成员。对于struct的不同成员赋值互不影响。

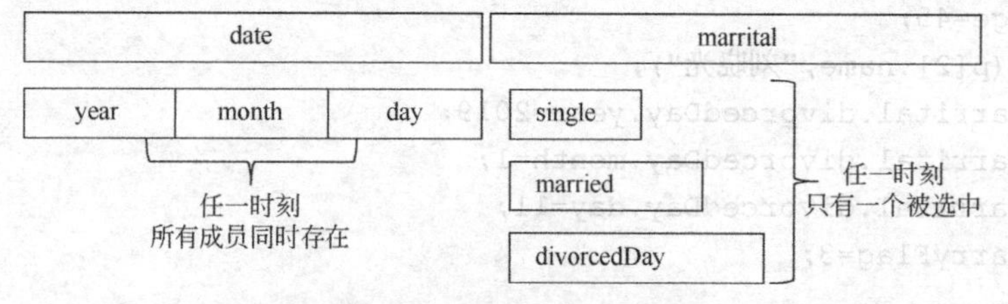

图10-4 共用体与结构体的区别

10.3 枚举类型

10.3.1 枚举类型定义

枚举是一个被命名的整型常数的集合。例如：用Sunday、Monday、Tuesday、Wednesday、Thursday、Friday、Saturday表示星期要比0、1、2、3、4、5、6更容易理解。

枚举类型的声明形式为：

enum 枚举类型名{标识符1[=整型常数],标识符2[=整型常数],
…，标识符n[=整型常数]};

如果枚举没有初始化，即省掉“=整型常数”,则从第一个标识符开始顺次赋给标识符0、1、2、…。但当枚举中的某个成员赋值后,其后的成员按依次加1的规则确定其值。允许多个枚举成员有相同的值。例如：

若 enum Num{x1, x2, x3, x4};则 x1、x2、x3、x4 的值分别为 0、1、2、3。

若 enum Num{x1,x2=0,x3=50,x4};则 x1、x2、x3、x4 的值分别为 0、0、50、51。

若 enum Num{x1,x2=0,x3=1,x4=0};则 x1、x2、x3、x4 的值分别为 0、0、1、0。

10.3.2 枚举类型变量的赋值和使用

枚举变量的声明有两种形式。第一种，定义枚举类型名的同时声明枚举变量，其格式为：

enum 枚举类型名{ 标识符 1[=整型常数], 标识符 2[=整型常数], …，标识符 n[=整型常数]}枚举变量;

第二种，先定义好枚举类型名，再使用如下格式声明枚举变量。

enum 枚举类型名 枚举变量;

枚举类型既没有输入、输出格式控制符，也没有标准的输入输出函数，枚举类型变量的值不能直接输入或输出。

可以把一个整型常量用枚举名进行强制类型转换后赋值给枚举变量。其格式为：

枚举变量=（enum 枚举类型名）整型常数;

也可以把一个定义好的枚举类型标识符直接赋值给枚举变量。例如：

枚举变量=标识符;

【例 10. 4】已知 2016 年 3 月 1 日是星期二，输入当月任意日期，通过编程求解该天是星期几。

```
#include<stdio.h>
int main( )
{
  enum weekday{Sunday=0,Monday,Tuesday,Wednesday,Thursday,Friday,
                  Saturday}week;
  int day;
  printf("today is 2016-03-");
  scanf("%d",&day);
  week=(enum weekday)((day+1)%7);
  switch(week)
  {
    case0  :printf("2016-03-%d is Sunday\n",day);
            break;
    case1  :printf("2016-03-%d is Monday\n",day);
            break;
    case2  :printf("2016-03-%d is Tuesday\n",day);
            break;
    case3  :printf("2016-03-%d is Wednesday\n",day);
            break;
    case4  :printf("2016-03-%d is Thursday\n",day);
            break;
    case5  :printf("2016-03-%d is Friday\n",day);
            break;
    case6  :printf("2016-03-%d is Saturday\n",day);
            break;
```

```
    }
    return 0;
}
```

说明：

① 在 C 语言编译中，对枚举元素按常量处理，故称为枚举常量。它们不是变量，除了定义时再不能对它们进行赋值。

② 枚举元素的值：C 语言编译时按照定义时的顺序使它们的值为 0、1、2、…；如果改变其中某个枚举元素的值，则其后的值顺序加 1。

③ 枚举值可以用来做判断比较，例如：

if（week== Sunday）…

if（week> Sunday）…

枚举值的比较规则是按其在定义时的顺序号比较的。

④ 一个整数不能直接赋值给一个枚举变量。例如：

week=2;

这是不对的，它们属于不同的类型，应先进行强制类型转换再赋值。例如：

week=（enum weekday）2;

它相当于将顺序号为 2 的枚举元素赋给 week。

甚至可以是表达式。例如：

week=（enum weekday）(6-3);

10.4 本章小结

C 语言的数据类型分为两大类：一类是系统定义好的标准数据类型，如 int、float、double、long 等，编程人员可以直接使用它们定义变量；另一类是用户根据程序的需求在一定规则范围内自己定义的类型，首先定义类型的形式，然后用它声明变量。结构体、共用体、枚举类型都属于自定义类型。

结构体是处理程序中复杂数据时常用的一种自定义数据类型。结构体把若干个数据有机地组成一个整体，这些数据可以是不同类型，包括基本数据类型及指针、数组、结构体或其他自定义类型。结构体中的数据项被称为成员。如果想存取这些成员，可以使用结构体名和成员名，并用成员运算符“.”将它们连接起来。同类结构体变量可以互相赋值，但不能用结构体变量名对结构体变量进行整体输入输出。可以对结构体变量中的成员进行赋值、比较、输入和输出等操作。

共用体的定义和声明方式与结构体相似，其区别在于：首先，定义共用体使用关键字 union 而不是 struct；其次，结构体变量的各个成员分别独占存储单元，而由共用体声明的变量，其成员无论有多少个，它们都共享同一个存储区域，有着共同的内存起始地址，因此各成员的值不会同时有效，在某一时刻，只有最近一次存入的成员值才是有效值。

如果一个变量只有几种可能的值，则可以定义为枚举类型。枚举就是将变量的值一一列出来，变量的值只限于列举出来的值的范围。

可以利用 typedef 为已有的数据类型创建别名。

课后习题

1. 有以下说明语句，则下面的叙述不正确的是（　）。

```
typedef struct stu{
  int a;
  float b
}stutype;
```

A. struct 是结构体类型的关键字　　B. stutype 是用户定义的结构体类型名
C. a 和 b 都是结构体成员名　　D. struct stu 是用户定义的结构体类型名

2. 下列输出字符'M'的语句是（　）。

```
struct person{
  char name[9];
  int age;
};
struct person class[10]={"John",17,"paul",19,"Mary",18,"Adam",16};
```

A. printf("%c\n",class[3].name);　　B. printf("%c\n",class[3].name[1]);
C. printf("%c\n",class[2].name[1]);　　D. printf("%c\n",class[2].name[0]);

3. 已知职工记录描述为:

```
struct workers{
  int  no;
  char name[20];
  char sex;
  struct{
    int day;
    int month;
    int year;
    }birth;
  };
  struct workers w;
```

设变量w中的“生日”应是“1993年10月25日”，下列对“生日”的正确赋值方式是(　)。

A. day=25;month=10;year=1993;
B. w.day=25;w.month=10;w.year=1993;
C. w.birth.day=25;w.birth.month=10;w.birth.year=1993;
D. birth.day=25;birth.month=10;birth.year=1993;

4. 当说明一个共用体变量时系统分配给它的内存是（　）。

A. 各成员所需内存量的总和　　B. 结构中第一个成员所需内存量
C. 成员中占用内存量最大者所需容量　D. 结构中最后一个成员所需内存量

5. 共用体类型变量在任何时刻（　）。

A. 所有成员一直驻留在内存中　　B. 只有一个成员驻留在内存中
C. 部分成员驻留在内存中　　D. 没有成员驻留在内存中

6. 设有枚举类型定义：enum color={red=3,yellow,blue=10,white,black}；
其中枚举量 black 的值是（　）。

A. 7　　B. 15　　C. 14　　D. 12

7.如下说明语句：

```
enum A{A0=1,A1=3,A2,A3,A4,A5};
enum A b;
```

执行 b=A3;printf("%d\n",b);输出是（　）。

A. 5　　B. 3　　C. 2　　D. 编译出错

第11章 指针

指针（pointer）是C语言中一个变量的地址，根据这个地址可以直接找到相应变量的存储单元。人们将地址形象化地称为“指针”。

指针是C语言的灵魂，指针的自由和灵活具有以下的优势：使程序简洁、紧凑、高效；能有效地表示复杂的数据结构；可以进行动态分配内存；函数返回指针时，可以得到多于一个的函数返回值；通过直接处理内存地址，编写出精练而高效的程序。

本章学习目标与要求：

① 理解指针的概念；

② 掌握指针变量的定义与引用方法；

③ 掌握指针与数组、字符串之间的联系；

④ 掌握指针型参数和指针型函数的定义和使用；

⑤ 掌握函数型指针的定义和使用。

11.1 指针与指针变量

计算机的内存是由数以百万计的顺序存储单元组成的，其中每一个存储单元用唯一的地址标识。计算机的内存从0开始，最大地址值取决于该内存的存储容量。

C语言声明一个变量时，编译器会分配一个具有唯一地址的内存单元来存储该变量，它将此内存单元的地址与这个变量的名字关联起来，当程序引用该变量时，系统将根据该变量的地址找到对应存储单元。C语言将变量的地址称作指针。

程序运行中使用的内存单元地址一般不为程序设计者所了解，程序员在设计程序时也不必关心程序到底存储在哪些存储单元。但是，程序确实是通过内存地址来访问内存的。

11.1.1 指针的概念

【例11.1】从键盘输入变量的值，再分别输出变量的地址和值。

```
1. int main()
2. {
3.   int a,b,c;
4.   scanf("%d,%d",&a,&b);
5.   printf("&a=%d,&b=%d\n",&a,&b);//输出变量地址
6.   printf("&c=%d\n",&c);
7.   c=a+b;
```

```
8.   printf("c=%d\n",c);
9.   return 0;
10. }
```

如例11.1所示，第4行，输入变量a和b时需要使用&取变量的地址，从而把变量值输入到变量名对应的存储单元中。第5行用printf()函数输出变量a和b的地址。第8行输出变量c的地址。存储单元地址指明变量临时占用内存单元的位置，形象地称为**指针**，存放地址的变量称为**指针变量**。指针指向变量的数据类型就是该**指针的类型**。**指针的值**是其指向的内存单元的地址，是数值型数据。

该代码的某次运行结果如下：

```
2,3
&a=6356748,&b=6356744
&c=6356740
c=5
```

注意：在不同的运行环境下变量的内存地址会有所不同。

11.1.2 指针变量的定义

指针变量的定义形式如下：

数据类型　*指针变量名1[，*指针变量名2，…,*指针变量名*n*]；

例如：

```
strurt clock
{
  int  hour;
  int  minute;
  int  second;
};
int   *pointer_a,*pointer_b,a,b;
char  ch,*pointer_ch;
float  f,g, *pointer_f;
double *pointer_d,d,r;
int *pointer_array[10];
struct clock *pointer_clock;
```

上例分别声明了整型指针变量pointer_a和pointer_b，字符型指针变量pointer_ch，单精度指针变量pointer_f，双精度指针变量pointer_d，一维整型指针数组pointer_array，结构体指针变量pointer_clock。

上述语句只是声明了可以指向某种类型变量的指针变量，比如pointer_a是可以指向int型变量的指针变量。如果要让该指针变量指向某一变量还必须对其初始化。

11.1.3 指针变量的初始化

指针变量的初始化指建立指针变量与目标之间的指向关系。

例如：int a, b = 1000, *pointer_a = &a, *pointer_b;

pointer_b = &b;

pointer_b = pointer_a;

指针变量的初始化可以有两种方式：第一种方式，声明的同时进行初始化；第二种方式，先声明再初始化。

第一种方式如 int a, *pointer_a = &a；在声明的同时进行初始化，使整型指针*pointer_a 指向整型变量 a。

第二种方式如 pointer_b，先用 int *pointer_b;声明指针变量，再利用第二句 pointer_b=&b; 把指针变量 pointer_b 指向 int 型变量 b。假设变量 b 的地址为 1245052，则整型指针 pointer_b 及其所指向变量的值如图 11-1 所示。

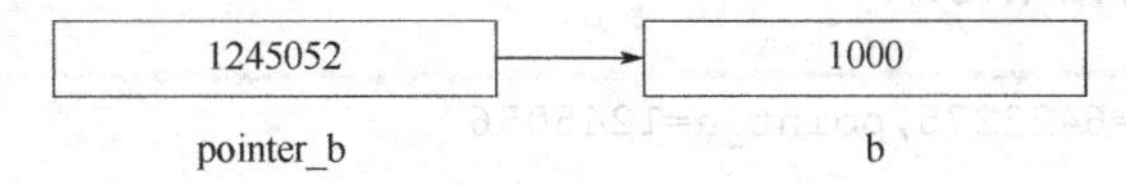

图 11-1　整型指针及其所指向变量的值

还可以利用 pointer_b=pointer_a；使指针变量 pointer_b 指向指针变量 pointer_a 所指的内存地址，前提要求 pointer_a 与 pointer_b 指向数据的类型一致。

例如：char ch='A', *pointer_ch;
　　pointer_ch=&ch;

声明了字符型指针变量 point_ch 指向字符变量 ch。假设字符型变量 ch 的地址为 1245044，则字符型指针 pointer_ch 及其所指向变量 ch 的值如图 11-2 所示。

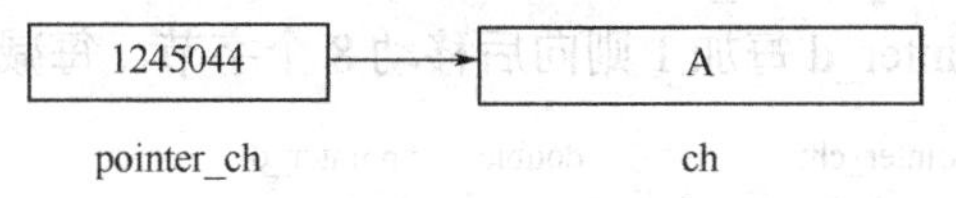

图 11-2　字符型指针及其所指向变量的值

例如：int *pointer_array[10]=0;

则定义了一个有 10 个元素的指针数组，该数组中每个元素是一个指针，取值为 0 即为空指针。指针数组元素的值如表 11-1 所示。

表 11-1　指针数组元素的值

数组元素	pointer_array[0]	pointer_array[1]		pointer_array[9]
数组元素值	NULL	NULL	…	NULL

pointer_a、pointer_ch、pointer_array 等所有类型的指针变量均占 4 个字节存储空间，类型不同的指针变量之间不能直接赋值，可以通过强制类型转换赋值。

例如：pointer_a=(int *)1245052 可以把数值 1245052 利用(int *)强制转换为指针类型。而不能直接进行赋值 pointer_a=1245052。

【例 11.2】指针变量基本概念及应用。

```
#include<stdio.h>
int main()
{
  int a=1000,*point_a=&a;
  char ch, *point_ch;
  point_ch=&ch;
```

```
    ch='A';
    *point_ch='B';
    point_a=(int *)1245056;
    printf("&a=%d,&ch=%d,point_a=%d\n",&a,&ch,point_a);
    printf("ch=%c\n",ch);
    printf("\n");
    return 0;
}
```

该代码的某次运行结果为：

```
&a=6422276,&ch=6422275,point_a=1245056
ch=B
```

11.1.4 指针变量的运算

（1）指针变量加、减运算

指针变量可以与整数进行加减运算。指针变量的加、减运算与指针变量类型相关，指针变量 p+n 的含义是 p+n*sizeof(指针变量类型)。

如图 11-3 所示，char 型指针变量 pointer_ch 每加 1 则向后移动 1 个字节，每减 1 则向前移动 1 个字节。int 型指针变量 pointer_a 每加 1 则向后移动 4 个字节，每减 1 则向前移动 4 个字节。double 型指针变量 pointer_d 每加 1 则向后移动 8 个字节，每减 1 则向前移动 8 个字节。

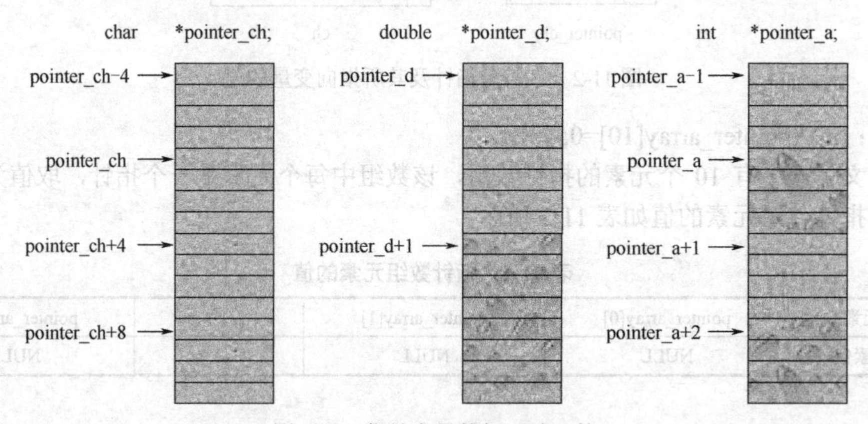

图 11-3 指针变量的加、减运算

（2）间接引用*运算

*运算指的是对指针或指针表达式进行*运算。*是指针运算符或称为间接引用运算符（indirection operator），其运算格式如下：

***指针表达式**

该运算的含义是取以该表达式的值为地址的内存空间值，即该指针表达式所指的值。

```
例如：char ch, *pointer_ch;
      point_ch=&ch;
      ch='A';
      *pointer_ch='B';
```

如图 11-4 所示，通过*运算可以修改指针所指内存单元的值。变量 ch 的地址用&ch 表示是 1245044，ch 的地址存放在指针变量 pointer_ch 中，pointer_ch 的值是 1245044，因此&ch 与 pointer_ch 相等，都是变量 ch 的地址。

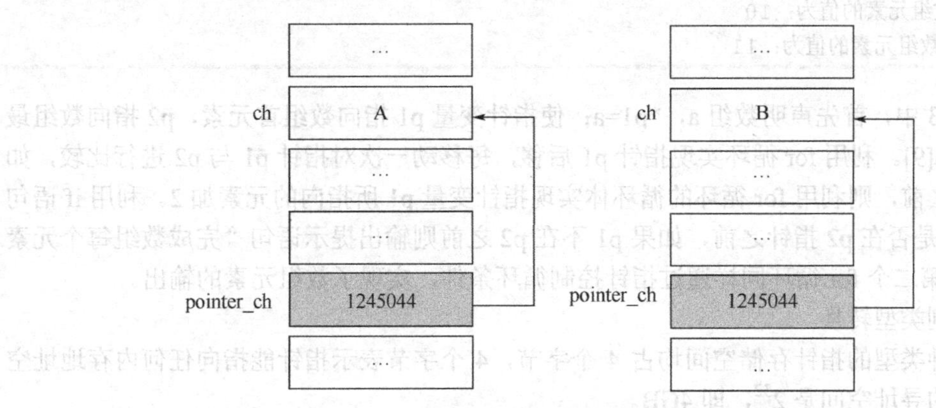

图 11-4　通过*运算修改指针所指内存单元的值

*pointer_ch 是以 1245044 为地址的存储空间的值，而 1245044 存储的是 ch 的值，因此 ch 与*pointer_ch 的值相等，都是变量 ch 的值。

(&ch)=(pointer_ch)=ch，&(*pointer_ch)=&ch=pointer_ch，&和*互为逆运算。

（3）指针关系运算

指针的关系运算发生在指向相同数据类型的指针之间。其中关系运算符＜、＜=、＞=、＞判断两个指针指向的数据位置的前后关系，==、!=判断两个指针是否指向同一个数据。

【例 11.3】利用指针的关系运算进行循环变量控制和条件判断。

```
#include <stdio.h>
int main()
{
  int i=0,a[10]={0,1,2,3,4,5,6,7,8,9},*p1=a,*p2=&a[9];
  for(; p1<=p2 ; p1++)  //指针后移，直到数组最后一个元素
    *p1+=2;   //数组元素的值+2
  if (p1>=p2)
    printf("完成数组每个元素自动加 2\n");
  for(p1=a;p1<=p2;p1++,i++)
    printf("第%d 个数组元素的值为：%d\n",i+1,*p1);
  return 0;
}
```

运行结果为：

```
完成数组每个元素自动加 2
第 1 个数组元素的值为：2
第 2 个数组元素的值为：3
第 3 个数组元素的值为：4
第 4 个数组元素的值为：5
第 5 个数组元素的值为：6
```

```
第 6 个数组元素的值为：7
第 7 个数组元素的值为：8
第 8 个数组元素的值为：9
第 9 个数组元素的值为：10
第 10 个数组元素的值为：11
```

在例 11.3 中，首先声明数组 a，*p1=a；使指针变量 p1 指向数组首元素，p2 指向数组最后一个元素 a[9]。利用 for 循环实现指针 p1 后移，每移动一次对指针 p1 与 p2 进行比较，如果 p1 在 p2 之前，则利用 for 循环的循环体实现指针变量 p1 所指向的元素加 2。利用 if 语句判断 p1 指针是否在 p2 指针之前，如果 p1 不在 p2 之前则输出提示语句“完成数组每个元素自动加 2”。第二个 for 循环同样通过指针控制循环条件，实现了数组元素的输出。

（4）强制类型转换

无论何种类型的指针存储空间均占 4 个字节，4 个字节表示指针能指向任何内存地址空间，程序总的寻址空间是 2^{32}，即 4GB。

指针的强制类型转换是将指针由一种类型转换为另一种类型，其值大小不变。

【例 11.4】指针强制类型转换。

```
#include <stdio.h>
int main()
{
  void *p;
  int a=100,*pa=&a;
  double d=78.56,*pd=&d;
  p=pa;
  printf("%d\n",*(int *)p);
  pa=(int *)pd;
  printf("%d\n",*pa);
  return 0;
}
```

运行结果为：

```
100
171798692
```

void 类型的指针是万能指针，无须类型转换可以与其他任意类型指针之间相互赋值。

11.2 指针与数组

11.2.1 数组的指针

数组的指针就是数组在内存中占用的一片连续存储单元的起始地址。而数组在内存中的起始地址就是数组变量名，也是数组中第一个元素在内存中的地址。

例如：int a[9];

其中数组名为 a，数组的指针(地址)为数组名 a 或数组首元素的地址&a[0]。则数组元素首地址&a[0]与 a 对应，第 i+1 个元素的地址&a[i]与 a+i 对应。如图 11-5 所示，数组中每个元素的地址可以用左边的数组名表示，也可以用右边每个元素加取地址符表示。

要输入数组的 9 个元素可以用下列两种语句。

```
for(i=0;i<9;i++)
    scanf("%d", &a[i] );
```

或

```
for(i=0;i<9;i++)
    scanf("%d", a+i );
```

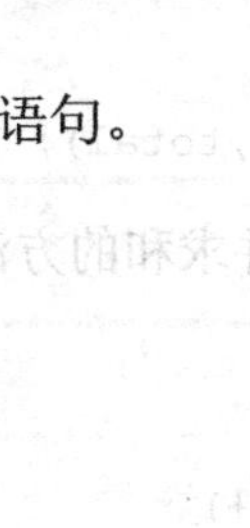

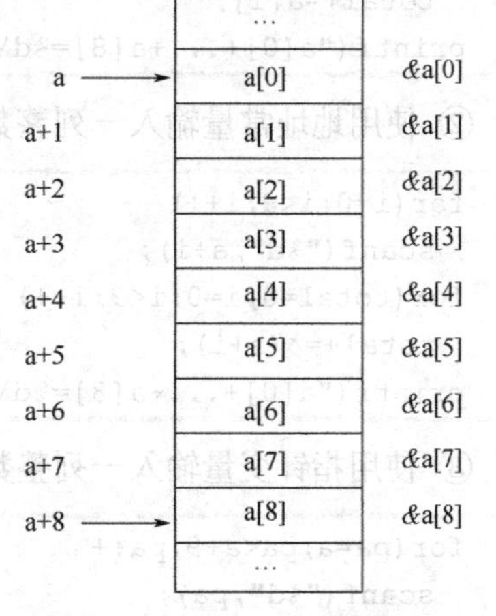

图 11-5 数组元素及其地址表示

11.2.2 指向一维数组的指针变量

将数组的起始地址赋给相应类型指针变量，该指针变量就称为指向数组的指针变量。

例如：int a[9]={1,2,3,4,5,6,7,8,9}, *pa=a;

其中 pa 就为指向数组的指针变量。图 11-6（a）表示数组 a 及其内存地址；数组 a 及其对应的数组元素地址可以用图 11-6（b）进行表示；图 11-6（c）所示数组元素可以用指向数组的指针变量、数组指针和数组加下标的形式进行表示。

2000	a[0]
2004	a[1]
2008	a[2]
2012	a[3]
2016	a[4]
2020	a[5]
2024	a[6]
2028	a[7]
2032	a[8]

（a）

数组元素地址

pa	a	&a[0]
++pa	a+1	&a[1]
++pa	a+2	&a[2]
++pa	a+3	&a[3]
++pa	a+4	&a[4]
++pa	a+5	&a[5]
++pa	a+6	&a[6]
++pa	a+7	&a[7]
++pa	a+8	&a[8]

（b）

数组元素

*pa	*a	a[0]
*++pa	*(a+1)	a[1]
*++pa	*(a+2)	a[2]
*++pa	*(a+3)	a[3]
*++pa	*(a+4)	a[4]
*++pa	*(a+5)	a[5]
*++pa	*(a+6)	a[6]
*++pa	*(a+7)	a[7]
*++pa	*(a+8)	a[8]

（c）

图 11-6 数组元素及其地址的三种表示方法

【例 11.5】使用下标变量、地址常量、指针变量表示输入一列整数并求和。

int a[9], *pa, total , i ;

① 使用下标变量输入一列整数并求和的方法如下：

```
for(i=0;i<9;i++)
  scanf("%d",&a[i]);
for(total=0,i=0;i<9;i++)
```

```
  total+=a[i];
printf("a[0]+...+a[8]=%d\n",total);
```

② 使用地址常量输入一列整数并求和的方法如下：

```
for(i=0;i<9;i++)
  scanf("%d",a+i);
for(total=0,i=0;i<9;i++)
  total+=*(a+i);
printf("a[0]+...+a[8]=%d\n",total);
```

③ 使用指针变量输入一列整数并求和的方法如下：

```
for(pa=a;pa<a+9;pa++
  scanf("%d",pa);
for(total=0,pa=a;pa<a+9;pa++)
  total+=*pa;
printf("a[0]+...+a[8]=%d\n",total);
```

11.2.3 指向二维数组的指针变量

（1）二维数组的行地址

int a[3][4]是一个3行4列的二维数组。将每行视为一个“特殊”元素，该元素是一个一维数组。那么这个二维数组是由三个“特殊”元素组成的一个“特殊”一维数组。

a 是这个“特殊的”一维数组的名称，也就是首地址，即第一个元素的地址，即第一行的首地址，指的是首行一整行，并不是指某个具体元素。所以我们称之为“行指针”。上述二维数组3行的行地址分别可以表示为a+0、a+1和a+2或&a[0]、&a[1]和&a[2]。二维数组a的行指针表示如表11-2所示。

表11-2 二维数组a的行指针

表示形式	含义	指针类型
a或a+0或&a[0]	指向第1行(或第1个一维数组)	行指针
a+1或&a[1]	指向第2行(或第2个一维数组)	行指针
a+2或&a[2]	指向第3行(或第3个一维数组)	行指针

对于数组 int a[3][4]，可以这样声明并初始化行指针变量：

int (*ptr)[4]=a;

注意：行指针是一行中所有元素所共有的，所以应该等于列数。

【例11.6】用行指针变量输出二维数组。

```
#include <stdio.h>
int main()
{
  int a[3][4]={1,3,5,7,9,11,13,15,17,19,21,23};
  int (*p)[4]=&a[0]; // 行指针定义法，或者：int (*p)[4]=a;
```

```
  int i,j;
  for(i=0;i<3;i++)
    for(j=0;j<4;j++)
      printf("%d ",*(*(p+i)+j));
  return 0;
}
```

（2）二维数组的列地址

接下来放大来看首行，首行的元素分别是：a[0][0]，a[0][1]，a[0][2]，a[0][3]。将其看作一个独立的一维数组，那么 a[0]就是这个数组的名称，也就是这个数组的首地址，即第一个元素的地址，也就是 a[0]+0。a[0]和 a[0]+0 都是指具体的元素，那么我们称之为“列指针”。二维数组 a 的列指针如表 11-3 所示。

表 11-3　二维数组 a 的列指针

表示形式	含　义	指针类型
a[0]或&a[0][0]	a 一维数组名称，首地址，第一个元素地址	列指针
a[0]+1 或&a[0][1]	第 1 行，第 2 个元素地址	列指针
a[0]+2 或&a[0][3]	第 1 行，第 3 个元素地址	列指针

声明和初始化列指针时，要注意“*”，如：

```
int *ptr=*a;//正确
int *ptr=a; //错误
```

【例 11.7】用列指针输出二维数组。

```
#include <stdio.h>
int main()
{
  int a[3][4]={1,3,5,7,9,11,13,15,17,19,21,23};
  int *p=a[0];    // 列指针的定义法
  for(;p<a[0]+12;p++)
    printf("%d ",*p);
  return 0;
}
```

运行结果为：

```
1 3 5 7 9 11 13 15 17 19 21 23
```

【例 11.8】使用指向元素的指针变量输出二维数组中各个元素的值。

```
#include <stdio.h>
int main()
{
  int a[3][4]={1,2,3,4,5,6,7,8,9,10,11,12},*pa,i;
  pa=&a[0][0];
```

```
    for(i=1;pa<*(a+3);pa++,i++)
    {
      printf("%2d ",*pa);
      if(i%4==0)
        printf("\n");
    }
    return 0;
}
```

运行结果为：

```
1    2    3    4
5    6    7    8
9    10   11   12
```

（3）二维数组行指针和列指针关系

对行指针和列指针进行比较可以得出：

① 行指针：指向某一行，不指向具体的元素。

② 列指针：指向行中具体的元素。

列指针只要在同一行，不管它们指向行中的哪个元素，它们的行地址都是在同一行的地址，所以它们的行地址都是一样的。二维数组 a 的行指针到列指针的转换如表 11-4 所示。

表 11-4　二维数组 a 的行指针到列指针的转换

行指针	转换成列指针	列指针等价表示	元素值表示	元素值等价表示	含义
a 或 a+0	*a	a[0]	*a[0]	*(*a)	a[0][0]
a+1	*(a+1)	a[1]	*a[1]	*(*(a+1))	a[1][0]
a+2	*(a+2)	a[2]	*a[2]	*(*(a+2))	a[2][0]

对于元素 a[1][2]，其地址用列指针表示为 a[1]+2，等价表示为*(a+1)+2，元素的值表示为*(*(a+1)+2)。那么，对于元素 a[i][j]，其地址用列指针表示为 a[i]+j，等价表示为*(a+i)+j，那么元素的值表示为*(*(a+i)+j)。二维数组 a 的列指针到行指针的转换如表 11-5 所示。

表 11-5　二维数组 a 的列指针到行指针的转换

列指针	转换成行指针	列指针等价表示	含义
a[0]	&a[0]	&a 或&(a+0)	指向第 1 行第 1 个元素
a[1]	&a[1]	&(a+1)	指向第 2 行第 1 个元素
a[2]	&a[2]	&(a+2)	指向第 3 行第 1 个元素

综上所述，行指针指的是一整行，不指向具体元素。列指针指的是一行中某个具体元素。可以将列指针理解为行指针的具体元素，行指针理解为列指针的地址。

行指针和列指针之间的具体转换方法是：对行指针进行指针运算可以得到列指针，即*

（行指针）转换为列指针；对列指针取地址运算可以得到行指针，即&（列指针）转换为行指针。对行指针一次引用可以得到列指针，对列指针再次引用可以得到具体的元素值。

所以，&列指针→行指针。相反地可以推出，*行指针→列指针。

二维数组有行、列两个维度，从数组名取到元素的值要经过两次*运算，一次由行地址到列地址，一次由列地址到元素值。

11.2.4 指向数组的指针做函数的参数

用指针变量做形参以接收实参数组名传递来的地址时，有两种办法：

① 用指向列地址的指针变量；

② 用指向行地址的指针变量。

【例 11.9】一个班 3 名学生 4 门功课，计算每名学生的平均分，统计输出不及格门次。

```
void average(float (*fp)[5],int n)
{
  float ave;
  int i;
  float (*fp_end)[5]=fp+3;
  for(;fp<fp_end;fp++)
  {
    for(ave=0,i=0;i<4;i++)
      ave+=*(*fp+i);
    *(*fp+4)=ave/4;
  }
}
int total(float *s,int n)
{
  int i,failnum=0;
  float *s_end=s+n;
  for(i=1;s<s_end;s++,i++)
  {
    if (i%5==0)    //跳过均分
      continue;
    if(*s<60)
      failnum++;
  }
  return failnum;
}
int main ()
{
  int i,j;
  float score[3][5]={{65,67,70,60,0}, {80,87,90,81,0},{90,99,100,98,0}};
  //最后一列将来存储每门课平均分
  average(score,3);
  for(i=0;i<3;i++)
  {
    for(j=0;j<5;j++)
```

```
        printf("%5.1f ",score[i][j]);
      printf("\n");
    }
  printf("不及格门次=%d\n",total(*score,15));
  return 0;
}
65.0  67.0  70.0  60.0  65.5
80.0  87.0  90.0  81.0  84.5
90.0  99.0 100.0  98.0  96.8
不及格门次=0
```

11.3 指针与字符串

11.3.1 用字符指针处理字符串常量

一个 char 型的指针变量可以指向一个字符串，输入输出时可以用%s 配合字符指针变量整体输入或输出该字符串，也可以用%c 一次对一个元素进行处理。

【例 11.10】用字符指针处理字符串常量。

```
char  *str="I love China!";
printf ("%s\n", str);
str += 7;//字符指针后移 7 位
puts(str);//输出指针 str 所指的字符串
该程序输出：China!
```

上述程序也可以改为使用字符数组进行初始化和输出，如：

```
char ch[15]="I  love China!";
printf ("%s\n",ch);
puts(ch+7);
```

输出结果同上。

指针 str 指向“I love China!”的首地址，可以用 string 来处理该字符串，str 值也可以变化。str+=7 是正确的使用方法。

ch 为“I love China!”的首地址常量，同样可以用 ch 来处理该字符串，但 ch 的值不能改变。ch+=7 是错误的写法。

11.3.2 野指针

指向无效内存目标的指针变量称为“野指针”。野指针可能会随意乱指向某关键部位，因无意的修改而引起程序异常，甚至导致系统崩溃。

在两种情况下会产生野指针：在指针变量被创建的时候没有进行初始化；在 free、delete 后没有及时将指针变量置空。

① 指针变量没有被初始化。下面的程序定义了指针变量 p，却没有进行初始化。

```
char *p ;
scanf("%s",p);
```

② 指针变量被free或者delete之后，没有置为NULL。

```
char *p=(char *)malloc(100);
strcpy(p,"Hello");
free(p);    // p 所指的内存被释放，但是p所指的地址仍然不变
if(p!=NULL)      // 没有起到防错作用
 strcpy(p, "world");      // 出错
```

对野指针的解决办法是在指针变量被创建的同时要么设置为NULL，要么让它指向合法的内存，或者在free、delete之后及时将指针变量置为NULL。

【例11.11】野指针的处理。

```
#include <stdio.h>
#include <stdlib.h>
#include <string.h>
int main( )
{
  char *p =(char*)malloc(sizeof(char)*100);
  printf("p指向的地址是: %d\n", p);
  strcpy(p, "Hello");
  printf("%s\n", p);
  free(p);
  printf("p指向的地址是: %d\n", p);
  p=NULL;  //释放掉的野指针置空
  printf("p指向的地址是: %d\n", p);
  return 0;
}
```

该程序某次运行结果为：

```
指针p的地址是: 7343432
Hello
指针p的地址是: 7343432
指针p的地址是: 0
```

【例11.12】利用字符指针数组对一组城市名进行升序排列。

```
#include <stdio.h>
#include <string.h>
int main ( )
{
  int i,j,k;
  char*pcity[ ]={"Wuhan","Beijing","Shanghai", "Tianjin", "Guangzhou"};
  char *ptemp;
  for(i=0;i<4;i++)
  {
    k=i;
```

```
      for(j=i+1;j<5;j++)
        if(strcmp(pcity[k],pcity[j])>0)
          k=j;
      if(k!=i)
      {
        ptemp=pcity[i];
        pcity[i]=pcity[k];
        pcity[k]=ptemp;
      }
    }
    for(i=0;i<5;i++)
      printf ("%s",pcity[i]);
    printf("\n");
    return 0;
  }
```

运行结果为：

```
Beijing  Guangzhou  Shanghai  Tianjin  Wuhan
```

11.4 指针与函数

11.4.1 指针做函数的参数——地址型参数

函数形参为指针，实参可以是变量的地址，形实结合时传递的是地址，形实结合后，形参的改变会直接影响到实参。

【例 11.13】指针做函数的参数。

```
#include <stdio.h>
int main()
{
  int x,y;
  printf("请输入x，y的值：");
  scanf("%d%d",&x,&y);
  swap1(&x,&y);
  printf("调用swap1后x，y的值：");
  printf("x=%d,y=%d\n",x,y);
  swap2(&x,&y);
  printf("调用swap2后x，y的值：");
  printf("x=%d,y=%d\n",x,y);
  return 0;
}
void swap1(int *a,int *b)
{
  int t;
```

```
  t=*a;
  *a=*b;
  *b=t;
}
void swap2(int *a,int *b)
{
  int  *t;
  t=a;
  a=b;
  b=t;
}
```

运行结果为：

```
请输入x，y的值：12 3
调用swap1后x，y的值：x=3,y=12
调用swap2后x，y的值：x=3,y=12
```

调用swap1( )函数后，x与y的值进行了互换，通过语句t=*a; *a=*b; *b=t;把形参a与b的值进行了互换，形参的改变影响到实参。但是调用swap2()函数后x与y的值并未改变，因为形参的改变并未影响到实参，通过语句t=a; a=b; b=t;只是临时改变了形参的值。

11.4.2 返回值为指针的函数——指针函数

返回值为指针的函数称为**指针函数**。C语言中，函数的返回值可以是整型、字符型、实型等类型，还可以是指针类型，即返回值为存储某种数据的内存地址。这样的函数被称为指针函数。

指针函数定义的一般形式：

数据类型 * 函数名(形参表)

{

…

}

【例11.14】求一列整数中的最小数，并将其与第一个元素交换位置。

分析：按照题目首先求一列整数的最小数，可以用一个一维数组存储该整数数列，设计一个函数search( )来求该最小数，函数的参数有两个，一个声明为整型数组，另一个为数组元素的个数，参数类型为int。函数体中声明指针变量min指向最小数位置，*min依次与数组中的元素进行比较，求出最小数之后用指针返回该值。

```
int *search (int a[],int n)
{
  int *min=a;
  int  i;
  for( i=1;i<n;i++)
    if(*min>*(a+i))
      min=a+i;
  return min;
}
```

main函数中声明数组a同时进行初始化，声明指针变量*site用来接收search（）函数返回的指针，并对search函数进行调用，调用时形参为数组名和数组长度，此时传递的是数组的地址，属于双向的地址传递。主函数求出最小值后再与a[0]进行比较，如果不相等则交换位置。

```
int a[10]={56,78,23,46,88,97,5,85,43,77};
int  i,temp,*site=NULL;
site=search(a,10);
if(*site!=a[0])
{
  temp=a[0];
  a[0]=*site;
  *site=temp;
} //将最小数与第一个元素交换位置
```

11.4.3 指向函数的指针变量——函数指针变量

函数在编译时分配的存储区的起始地址称为函数的指针（地址），用函数名表示。存放函数指针（地址）的变量是**函数指针变量**。

一般来说，只要知道函数的地址就可以实现对函数的调用，有两种方式可以实现对函数的调用：通过函数名或通过指向函数的指针变量调用。

（1）通过函数名调用

如下定义函数func（），函数名func为函数在内存存储区的首地址。

```
int func( int n)
{
  if(n==0||n==1)
    return 1;
  else
    return  n*func(n-1);
}
```

在主函数中，可以通过**函数名（实参）**的方式进行调用。调用时通过函数名找到该函数在内存中的地址，进入函数执行函数体中的内容，执行完之后，返回主函数继续执行主函数中的内容。

```
int  a=5,s;
s=func(a);   //通过函数名进行调用
```

（2）通过指向函数的指针变量调用

函数指针的声明形式如下：

函数类型　(*指针变量)([形参类型1, 形参类型2,⋯, 形参类型*n*])

函数指针变量int (*p)(int ,int)容易与指针函数int *p(int ,int)混淆，类似数组指针变量int (*p)[4]与指针数组 int *p[4]一样，可以通过*和（）的优先来区分。

【例11.15】用函数指针调用函数，求三个数中最大的数。

```
#include <stdio.h>
float max(float, float, float);     /*函数声明*/
```

```
int main( )
{
  float (*p)(float, float, float);      /*定义函数指针*/
  float a, b, c, big;
  p=max;                                /*使函数指针变量p指向max()函数*/
  scanf("%f%f%f", &a,&b,&c);
  big=(*p)(a,b,c);
       /* 通过函数指针变量调用函数，与big=max(a,b,c);等价*/
  printf("a=%.2f\tb=%.2f\tc=%.2f\nbig=%.2f\n",a,b,c,big);
  return 0;
}
float max(float x,float y,float z)
{
  float temp=x;
  if(temp<y)
    temp=y;
  if(temp<z)
    temp=z;
  return temp;
}
```

程序运行结果为：

```
27 35 13
a=27.00 b=35.00 c=13.00
big=35.00
```

【例11.16】用函数指针变量作参数，求最大值、最小值和两数之和。

```
#include<stdio.h>
int max(intx,inty)
{//求最大值
  printf("max = ");
  return(x>y?x:y);
}
int min(intx,inty)
{//求最小值
  printf("min = ");
  return(x<y?x:y);
}
int add(int x,int y)
{//求和
  printf("sum = ");
  return(x+y);
}
void process(int x,int y,int(*fun)(int,int))
{//函数指针做形参
  int result;
  result=(*fun)(x,y);
```

```
  printf("%d\n",result);
}
int main( )
{
  int a,b;
  scanf("%d%d",&a,&b);
  process(a,b,max);  //函数名max做实参，调用求最大值函数
  process(a,b,min);  //函数名min做实参，调用求最小值函数
  process(a,b,add);  //函数名add做实参，调用求和函数
  return 0;
}
```

程序运行结果为：

```
25  64
max = 64
min = 25
sum = 89
```

11.5　本章小结

指针应该算得上是C语言的精华，但也是学习C语言的难点，指针的使用需要勤学多练，逐渐掌握。本章主要讲述了指针的概念，指针的定义与引用方法，指针与数组、字符串之间的联系，指针型参数和指针型函数的定义和使用，函数型指针的定义和使用。

（1）指针的概念及运算

指针是通过内存间接访问变量的一种方式。使用指针变量之前需要进行定义和初始化，把定义的指针指向某一个变量。

指针变量可以进行加减运算，从而把指针在内存中进行后移或前移。指针还可以通过“*”运算对变量进行间接引用。相同数据类型的指针之间还可以通过关系运算符<、<=、>=、>判断两个指针指向的数据位置的前后关系，==、!=判断两个指针是否指向同一个数据。

指针还可以进行强制类型转换，将指针由一种类型转换为另一种类型，void类型的指针可以转换为其他任意类型的指针。

（2）指针与数组

数组在内存中占用的一片连续存储单元，可以通过指针变量指向数组的起始地址。指针指向一维数组后，可以通过指针变量操作数组。指针也可以指向二维数组，指针指向二维数组后可以通过行指针和列指针对二维数组进行操作。指向数组的指针做函数的参数传递的是地址，实现的是双向传递。

可以用char型指针处理字符串，输入或输出时可以用%s配合字符指针整体输入或输出该字符串，也可以用%c一次对一个元素进行处理。

野指针可能会随意乱指向某关键部位，因无意的修改而引起程序异常，甚至导致系统崩溃，所以要对野指针进行适当的处理。

（3）指针与函数

指针可以做函数的参数，函数形参为指针，实参可以是变量的地址，形实结合时传递的

是地址，形实结合后，形参的改变会直接影响到实参。C语言中，函数的返回值可以是指针类型，即返回值为存储某种数据的内存地址。返回值为指针的函数称为指针函数。其定义形式为：

类型 *函数名(类型 形参1，类型 形参2, …){函数体}

存放函数指针（地址）的变量是函数指针变量。指向函数的指针变量的定义形式为：

函数返回值的类型 (*指针变量名)( );

只要知道函数的地址就可以实现对函数的调用，有两种方式可以实现对函数的调用：通过函数名或通过指向函数的指针变量调用。用指向函数的指针变量调用函数之前，必须给指针变量赋函数入口地址(函数名)，其调用形式为：

(*指针变量)（实参列表）

表11-6为C语言中有关指针的数据类型定义及相应的含义。

表11-6 C语言有关指针的数据类型小结

定义	含 义
int i;	定义整型变量i
int *p;	p可以指向 int 类型的数据，也可以指向类似 int a[n] 的数组
int a[n];	定义整型数组a，它有n个元素
int *p[n];	指针数组p，它由n个指向整型数据的指针元素组成，等价于 int *(p[n]);
int (*p)[n];	p为二维数组指针，指向含n个元素的一维数组的指针变量
int f();	f为带回整型函数值的函数
int *p();	p为返回一个指针的函数，返回值类型为 int *，该指针指向整型数据
int (*p)();	p为指向函数的指针变量，该函数返回值为整型，指向原型为 int func() 的函数
int **p;	p是一个指针变量，它指向一个指向 int *类型数据的指针变量

课后习题

1. 变量的指针，其含义是指该变量的（ ）。

A.值　　B.地址　　C.名　　D.一个标志

2. 已有定义 int k=2;int *ptr1,*ptr2;且 ptr1 和 ptr2 均已指向变量k，下面不能正确执行的赋值语句是（ ）。

A. k =*ptr1+*ptr2;　　B. k=*ptr1*(*ptr2);

C. ptr1=ptr2;　　D. ptr1=k;

3. 如下程序 int a[10]={1,2,3,4,5,6,7,8,9,10},*P=a; 则数值为9的表达式是（ ）。

A.*P+9　　B.*(P+8)　　C.*P+=9　　D. P+8

4. 若已定义：int b[12],*p=b;在以后的语句中未改变p的值，则不能表示b[1]地址的表达式是（ ）。

A. p+1　　B. b+1　　C. ++p　　D. ++b

5. 下面程序的功能是从输入的10个字符串中找出最长的那个串。请在________处填空。

```
#include <stdio.h>
#include <string.h>
#define N 10
int main()
```

```
{
 char s[N][81], *t;
 int j;
 for (j=0; j<N; j++)
  gets (s[j]);
 t= *s;
 for (j=1; j<N; j++)
  if(strlen(t)<strlen(s[j])) ________;
 printf("the max length of ten strings is: %d, %s\n", strlen(t), t);
 return 0;
}
```

A. t=s[j]　　B. t=&s[j]　　C. t= s++　　D. t=s[j][0]

6. 下面判断正确的是（　）。

A. char *s="girl"; 等价于 char *s; *s="girl";

B. char s[10]={"girl"}; 等价于 char s[10]; s[10]={"girl"};

C. char *s="girl"; 等价于 char *s; s="girl";

D. char s[4]= "boy", t[4]= "boy";等价于 char s[4]=t[4]= "boy"

7. 有以下函数：

```
char *fun(char *s)
{…
 return s;
}
```

该函数的返回值是（　）。

A. 无确定值　　B. 形参 s 中存放的地址值

C. 一个临时存储单元的地址　　D. 形参 s 自身的地址值

8. 下面程序段的运行结果是（　）。

```
#include <stdio.h>
int main()
{
 int m=10, n=20;
 char *format="%s, m=%d, n=%d\n";
 m*=n;
 printf(format, "m*=n", m,n);
 return 0;
}
```

A. format, "m*=n", m, n　　B. format, "m*=n"

C. m*=n,m=200, n=20　　D. 以上结果都不对

9. 若有以下定义和语句：

```
int s[4][5], (*ps)[5];
ps=s;
```

则对 s 数组元素的正确引用形式是（　）。

A. ps+1　　B. *(ps+3)　　C. ps[0][2]　　D. *(ps+1)+3

10. 以下程序的输出结果是（　）。

```
#include <stdio.h>
```

```
char cchar(char ch)
{
  if (ch>='A' && ch<='Z')  ch=ch-'A'+'a';
  return ch;
}
int main()
{
  char s[]="ABC+abc=defDEF", *p=s;
  while(*p)
  {
    *p=cchar(*p);
   p++;
  }
  printf("%s\n",s);
  return 0;
}
```

A. abc+ABC=DEFdef　　B. abcaABCDEFdef

C. abc+abc=defdef　　D. abcabcdefdef

11. 以下程序的输出结果是（　）。

```
#include <stdio.h>
#include <string.h>
int main()
{
    char b1[8]="abcdefg", b2[8], *pb=b1+3;
    while( --pb>=b1)
        strcpy(b2, pb);
    printf("%d\n", strlen(b2));
    return 0;
}
```

A. 8　　B. 3　　C. 1　　D. 7

12. 通过函数 fun 计算两个整数的和与差。

13. 某网站打折促销，全部商品 8.5 折销售，且单件商品满 500 元有礼品赠送。数组 price 保存了打折前全部商品的价格，请编写函数 discount,修改全部商品价格为 8.5 折的价格，并找出单价大于 500 元的商品，将这些商品价格存入形参 g 所指的数组中。

14. 在登录信息管理系统时，通常会对用户的密码进行判断，密码正确才允许进一步操作，若密码错误，则提示密码错误并拒绝用户使用。密码为“Qingdao2019”存放在数组 pw 中。

第12章 文 件

计算机中的各种软件包括 Windows 系统本身，是靠不断读、写系统中的文件来工作的，文件可以说是计算机的“根”。C 语言中的文件是对存储在外部介质上的数据集合的一种抽象，可以通过 C 语言来读、写各种文件，包括创建自己的文件，把程序中的变量写到自己的文件中，以及把文件中的内容再读到程序的变量中，供程序进一步处理。

前几章编写的应用程序，其数据的输入都是通过 scanf( )、getchar( )等输入函数通过键盘直接输入的，程序的运行结果是通过 printf( )、putchar( )等输出函数打印在屏幕上。但如果要再次查看结果，就必须重新运行程序，并重新输入数据。当计算机关闭或退出应用程序，相应的数据也将全部丢失，没法重复使用这些数据。因此，为了长期保存数据，方便修改和供其他程序调用，就必须将其以文件的形式存储到外部存储介质。

本章学习目标与要求：

① 理解文件的概念；

② 理解文件数据结构的存储优点；

③ 切实理解在哪些情况下应该使用文件存储；

④ 理解文件的操作流程；

⑤ 掌握文件的读写操作；

⑥ 掌握文件的定位操作。

12.1 文件的引入

前几章对数据的处理是直接在内存中进行的，例如：从键盘输入的原始数据，被计算机处理后的中间结果，以及程序的运行结果，都是临时存放在内存中。但在实际使用过程中，往往需要将录入的原始数据及程序的运行结果存储到外存上，以便长期保留，这就需要进行文件管理。简单变量、数组和结构体都是基于内存的数据结构，适于对少量数据进行临时存放，属于内部存储。

文件（file）数据结构是建立在外部存储器上的一些相关数据的集合，这个集合用文件名来标识。文件适宜对大批量数据进行永久保存，属于外部存储。

12.1.1 数据的临时存放

临时存放的数据在程序运行结束后，内存中的数据会消失，原因在于程序中用到的数据由变量提供，这些变量临时占用内存，一旦程序运行结束，变量归还内存，数据消失。

再次运行时如何避免数据的重新读入？一个程序的运行结果如何提供给另一个程序使用？如果能够实现程序的输入数据、程序运行结果在存储器的永久存放，将可以解决上述问题。

12.1.2 数据的永久存放

磁盘文件是一种可以永久地将输入数据和程序运行结果保存到外存储器上的数据结构，用文件名来标识相关数据的集合。通过文件的读写操作实现数据在内存与外存之间的数据传送。

磁盘文件存储相较于内存存储，还具有数据量大的特点，适用于大批量、永久性数据存放。

如图 12-1 所示，内外存之间的数据流动是通过读、写操作来实现的。

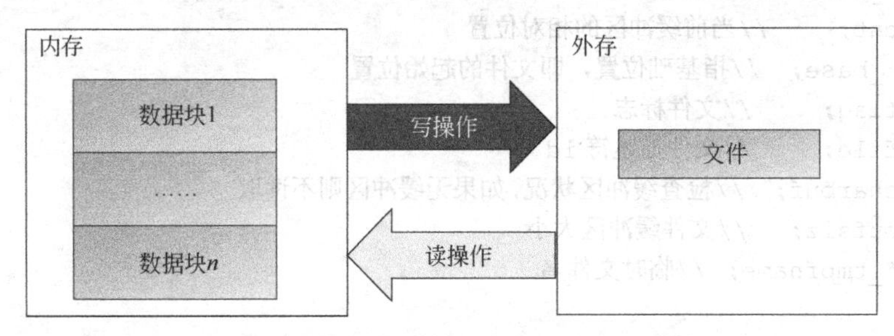

图 12-1 文件的读写与内存、外存的关系

12.1.3 文件的分类

C 语言把文件看作一个字节序列，即由一连串的字节组成，称为“流（stream)”，以字节为单位访问，没有记录的界限。输入输出字符流的开始和结束只由程序控制，而不受物理符号（如回车符）的控制。因此把这种文件称为“流式文件”。

从用户的角度来看，可把文件分为普通文件和设备文件。

普通文件是存储在外部介质上的一个有序数据集，又分为程序文件和数据文件。

设备文件是指与主机相连的设备。设备文件包括：标准输入文件（如键盘)、标准输出文件（如显示器）和标准错误文件。

从编码方式来看，可把文件分为 ASCII 码文件和二进制文件。

ASCII 码文件又称为文本文件，以字符为单位进行处理，每个字节存放一个 ASCII 码，代表一个字符。文本文件的输入/输出与字符一一对应，便于对字符进行逐个处理，也便于输出字符。

二进制文件是把数据按其在内存中的存储形式原样存放在磁盘上，一个字节并不对应一个字符，不能直接输出字符形式。

例如 10000，在内存中二进制的存储形式是：

00100111 00010000

它存放在二进制文件中也是这个形式。如果以 ASCII 码文件的形式来存放，则要占 5 个字节，每一位数字作为字符处理，以它们的 ASCII 码存放，即：

00110001 00110000 00110000 00110000 00110000

由此可见，ASCII 码以字符为单位存储，占用的存储空间大，以 ASCII 码存储的文件可以在屏幕上直接显示。二进制文件占用空间虽然小，却无法在屏幕上直接显示。

把一个 ASCII 码文件读入内存时，要将 ASCII 码转换成二进制码，而把 ASCII 码文件写入磁盘时，也要把二进制码转换成ASCII码，因此ASCII码文件的读写要花费较多的转换时间。对二进制文件的读写则不存在这种转换。

12.1.4 文件数据类型与文件指针

在C语言中，系统为每一个使用的文件在内存中开辟一个存储区，用于存放该文件的有关信息，这个信息用结构体变量保存，该结构类型的名字为FILE，FILE结构体有如下定义：

```
struct _iobuf
{
  char *_ptr;   //文件输入的下一个位置
  int _cnt;     //当前缓冲区的相对位置
  char *_base;  //指基础位置，即文件的起始位置
  int _flag;    //文件标志
  int _file;    //文件描述符id
  int _charbuf;  //检查缓冲区状况,如果无缓冲区则不读取
  int _bufsiz;   //文件缓冲区大小
  char *_tmpfname; //临时文件名
};
typedef struct _iobuf FILE;
```

系统为每一个打开的文件分配一个存储区以存放FILE结构，程序通过FILE类型的指针建立和文件的联系，进行关于文件的一切操作。如下例定义了一个文件类型的指针fp:

FILE *fp;

一个文件通过打开文件操作与指针变量fp建立联系。通过fp，能够访问fp关联的文件，所有关于该文件的读写操作都通过fp完成。

一般来说，每个文件需要一个指向FILE的指针变量，文件操作使用这个指针变量即可，读者可以不知道FILE结构每一个成员的具体含义。

12.1.5 文件缓冲区

如图12-2所示，C语言程序在创建磁盘文件时会自动创建一个对应的缓冲区。这个缓冲区是一个内存块，它是程序与磁盘文件之间交换数据的“中转站”，即临时存放被写入到文件和从文件读取的数据。因为磁盘存储器属于块存储设备，它读写磁盘时是以固定长度的块为输入/输出单位，通常一个数据块为几百或几千个字节（数据块的大小与硬件相关）。缓冲区的大小就是一个数据块的大小。因此，当程序向磁盘文件执行写入操作时，程序先依次将数据送到与该磁盘文件关联的内存缓冲区，待缓冲区装满后再一并输出到磁盘文件；当程序要从磁盘文件读入数据时，系统一次性从磁盘文件读入一个数据块，暂存于与其关联的内存缓冲区，再根据输入语句的格式要求，从缓冲区依次提取数据送入程序的变量或数组。创建和操纵文件缓冲区的工作由操作系统完成，无须程序设计者关注。

缓冲区的这种运行方式意味着在程序执行期间，程序写入到磁盘文件的数据是先暂存在缓冲区，而没有真正进入磁盘，一旦发生意外（如程序意外错误而强制终止，或者断电等），保留在缓冲区的数据就会丢失，磁盘文件的内容也无法预知。

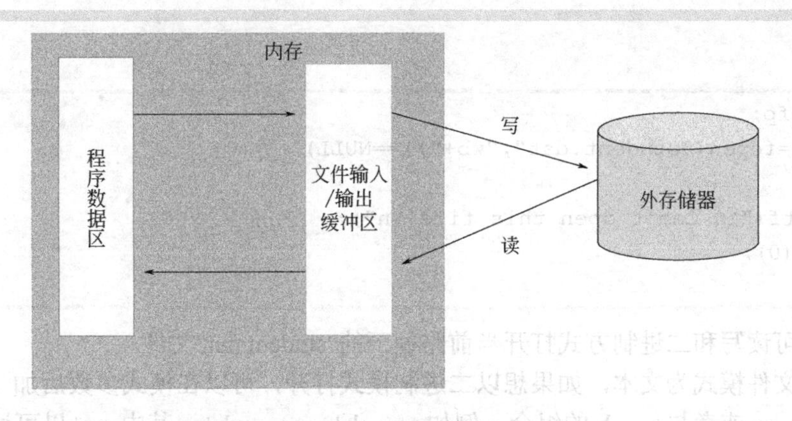

图 12-2　文件缓冲区的作用

12.2　文件的操作

使用磁盘文件之前先要打开文件，文件操作完毕之后要关闭文件。文件操作的基本流程包括：打开/建立磁盘文件、文件读/写、关闭磁盘文件。

C 语言中要对文件进行各种操作，都需要通过库函数完成。对文件进行读或者写操作，只要调用相应的库函数就可以，但是必须包含头文件<stdio.h>。

12.2.1　文件的打开

所谓“打开”文件，就是创建一个与磁盘文件相关联的文件信息区（用来存放文件的主要信息）和文件缓冲区，在内存和磁盘之间建立一种联系，以便对文件实施操作。

使用标准库函数 fopen( )可以实现打开一个指定的文件，该函数的原型如下：

FILE * fopen(const char * path, const char * mode);

该原型表明，函数 fopen( )将返回一个 FILE 类型的指针。程序中要妥善保存 fopen（）函数返回的指针，因为该指针代表刚打开的文件主体，操作系统对该文件的控制与操纵只能通过该指针传达至文件。

该函数使用格式如下：

文件指针名=fopen(文件名,文件使用方式);

其中“文件名”是要打开的文件的名字，文件名可以是字符串：

"student.dat" "d:\\text\\student.txt"，也可以是存放文件名的字符数组。

“文件使用方式”指出文件打开的模式，它控制文件以二进制还是文本文件打开，是以读方式、写方式，还是读写方式打开。文件使用方式可能的值及含义如表 12-1 所示。

表 12-1　fopen（）中文件使用方式可能取值及含义

符号	含义	操作	作用
r	read	读操作	以只读方式打开文件，文件应该已存在；否则出错
w	write	写操作	以只写方式打开文件，文件存在则覆盖；否则重新创建
a	append	追加操作	以可续写方式打开文件，文件存在则追加；否则新建
+	增加	功能扩展	以可读或可写方式打开一个文件
b	binary	二进制文件	以二进制模式打开文件

例如：

```
FILE *fp;
if((fp=fopen("student.dat","wb+"))==NULL)
{
  printf("\n Can't open this file!\n");
  exit(0);
}
```

上例以可读写和二进制方式打开当前路径下的“student.dat”文件。

默认的文件模式为文本，如果想以二进制模式打开，可以在模式参数后加 b。文件使用方式是 r、w、a 或者与+ 、b 的组合。例如 r+、rb+、a+、wb+。其中，r+以可读或可写方式打开一个文件。文件应该已存在，否则出错。如果写文件，则将新数据写入文件开头，覆盖原有的内容。w+以可读或可写方式打开一个文件。如果写文件，文件存在时，先废弃原有内容，重写；文件不存在时，则新建指定文件。a+以附加方式打开可读写的文件。如果文件存在，写入的数据会被加到文件尾后，即文件原先的内容会被保留；否则会建立该文件。

正常情况下 fopen( )函数执行成功后会返回一个指针值，但是如果发生错误，fopen( )将返回 NULL。为了保证程序执行了 fopen( )函数后，后续的程序能正常访问已经正确打开了的文件，必须在每次执行 fopen( )函数后对其返回值做检测处理，返回值为正常的指针，则程序继续运行，否则转入错误处理过程或终止程序。例如，下面的范例表明了一段打开一个磁盘文件的处理过程：

```
FILE *fp;
if (fp=fopen ("myfile.txt","r") ==NULL)
{
    printf ("Open fail.\n") ;
    exit (1) ; /*文件打开不成功，终止程序，带数值 1 返回操作系统*/
}
```

此段程序以“只读”方式打开当前目录下名为 myfile.txt 的文件，如果文件打开成功，则函数将返回值赋给文件指针 fp，让指针 fp 与该文件建立联系，程序后续部分引用 myfile.txt 文件时，就可以用指针 fp 代替该文件。如果 fp 指针得到的 fopen 函数返回值是 NULL，则表示没有成功打开 myfile.txt 文件，系统将提示信息“Open fail.”，并调用 exit( )函数，终止当前程序，向操作系统传送一个返回值 1。

12.2.2 文件的关闭

当文件使用完毕后应该马上关闭，以防止被误用。“关闭”文件是指撤销文件信息区和释放文件缓冲区，断开磁盘文件与内存之间的联系，结束对文件的控制和操作。C 语言程序中使用 fclose( )函数关闭文件，该函数的原型如下：

int fclose（FILE * file_point）；

其中参数 file_point 是指向要关闭的磁盘文件的 FILE 类型指针。

该函数使用格式如下：

fclose(文件指针);

文件正常关闭返回 0，出错返回 EOF(-1)。以下代码可以实现对关闭文件过程的检测：

```
if (fclose (file_point))
{
    printf ("Close fail.\n");
    exit (2); /*文件关闭失败，终止程序，带数值 2 返回操作系统*/
}
```

写文件过程是先将数据写入文件缓冲区，待缓冲区满后，整块传输到磁盘。如果程序结束，缓冲区尚未满，必须使用 fclose( )函数关闭文件，强制系统将缓冲区中的所有数据送到磁盘，并取消程序与指定文件之间的联系，释放缓冲区。

如果要一次性关闭除标准文件外的所有已打开文件，也可以使用 fcloseall( )函数，该函数原型如下：

int fcloseall（void）;

12.2.3　以字符为单位的文件读写

（1）fgetc( )函数

fgetc( ) 函数主要是实现从文件读出单个字符的标准库函数。fgetc( )的原型格式如下：

int fgetc(FILE *fp);

每执行一次 fgetc( )函数，就从指定的文件流中读取一个字符。

（2）fputc( )函数

fputc( )函数主要是实现单个字符的写入的标准库函数。其函数原型如下：

int fputc(int c, FILE *fp);

fputc( )函数将单个字符写入指定流文件。fputc( )函数接收两个参数：第一个参数是准备写入文件的字符，它的类型虽为 int 型，但只有低端的一个字节被使用；参数 fp 是一个与文件关联的指针，其值是 fopen( )打开文件时的返回值。

【例 12.1】从键盘输入一行字符，写入文件 file1.txt，再把该文件内容显示在屏幕上。

```
#include <stdio.h>
int main()
{
  FILE *fp;
  char str;
  if((fp=fopen("file1.txt","w+"))==NULL)
    //打开文件并判断是否正确打开
  {
    printf("\n Can't open this file!\n");
    exit(0);
  }
  str=getchar();   //逐个把从键盘输入的字符到内存
  while(str!='\n')  //把 str 中的字符逐个存储到文件，直到输入回车
  {
    fputc (str,fp);
    str=getchar();
  }
  rewind(fp);  //指针重定位
  str=fgetc(fp);  //从文件逐个读字符到内存变量 str
```

```
    while(str!=EOF)  //依次从屏幕输出文件中的字符，直到文件尾
    {
      putchar(str);
      str=fgetc(fp);
    }
    printf("\n");
    fclose(fp);  // 关闭文件
    return 0;
  }
```

上例对文件操作的基本过程为：第一步，以可读可写的方式打开当前路径下的“file1.txt”文件；第二步，通过 char 型变量 str 获得键盘输入的字符，再依次通过 fputc( )函数逐个存入文件，直到输入回车结束；第三步，rewind( )函数把文件指针重新定位到文件开头，通过 fgetc( )函数从文件逐个读字符到内存变量 str，直到文件尾；最后一步，关闭文件。

12.2.4 以字符串为单位的文件读写

磁盘文件还可以成行地输入输出，一般一行信息由 0 个或多个字符组成，以换行符（按下 Enter 键）结尾。

（1）fgets(字符数组名,n,文件指针)

若要按行从指定的文件流中读取字符串，可以使用 fgets( )函数。其函数原型如下：

char *fgets (char *str, int n, FILE *fp);

str 是一个指向字符数组（其实是一个指向内存缓冲区）的指针变量，从 fp 指向的文件流中读取的字符串将存储于该字符数组中。从文件指针 fp 所指文件读取的字符串长度不超过 n-1 并加'\0'存入字符数组 str，若遇到换行符或结束符自动结束。如果读取成功返回 str 指针值即字符数组首地址；如果已读至文件尾或读取过程出错，则返回 NULL。

（2）fputs(字符串,文件指针)

若将一行信息写入指定的文件流，可以使用标准库函数 fputs( )。其函数原型如下：

int fputs (const char *str, FILE *fp);

其中，参数 str 是一个指向字符串（以空字符\0 结尾）的指针变量；参数 fp 是一个与文件相关联的指针。该函数将 str 所指向的字符串写入文件指针 fp 所指的文件。

【例 12.2】从键盘读入三个字符串，对它们按字母顺序排序，然后把它们保存到磁盘文件中，最后从文件读出这些字符串并输出到屏幕。

分析：首先要从键盘读入字符串，存入二维数组，再对字符串进行排序，之后再将内存的字符串写入磁盘文件。

```
#include<stdio.h>
#include<string.h>
#include <stdlib.h>
int main()
{
  FILE *fp;
  char str[3][10];
  char temp[10];
  int i,j,k;
```

```
    printf("Enter strings :\n");
    for(i=0;i<3;i++)    /*输入三个字符串*/
      gets(str[i]);
    for(i=0;i<2;i++)   /*对字符串进行由小到大排序*/
    {
      k=i;
      for(j=i+1;j<3;j++)
        if(strcmp(str[k],str[j])>0)
          k=j;
      if(k!=i)
      {
        strcpy(temp,str[i]);
        strcpy(str[i],str[k]);
        strcpy(str[k],temp);
      }
    }
    fp=fopen("string.dat","w");    /*以只写方式打开文件*/
    if(fp==NULL)
    {
      printf("Can't open file!\n");
      exit(0);
    }
    for(i=0;i<3;i++)
    {
      fputs(str[i],fp);   /*第 i 个字符串存入文件*/
    }
    fclose(fp);       /*关闭只写文件*/
    fp=fopen("string.dat","r");    /*以只读方式打开文件*/
    if(fp==NULL)
    {
      printf("Can't open file!\n");
      exit(0);
    }
    printf("new sequence:\n");
    for(i=0;i<3;i++)     /*从文件读出每个字符串*/
    {
      fgets(str[i],strlen(str[i])+1,fp);
      printf("%s\n",str[i]);
    }
    fclose(fp);    /*关闭只读文件*/
    return 0;
  }
```

程序运行结果为：

```
Enter strings :
abcd
fghjk
```

```
cdsa
new sequence:
abcd
cdsa
fghjk
```

从上例可以看出，通过 fputs(str[i],fp)，把二维数组 str 中存储的信息存入 fp 文件指针所打开的文件 string.dat。需要的时候还可以通过 fgets(str[i],strlen(str[i])+1,fp);语句，把磁盘上 fp 文件指针所指的文件内容读入内存，存储在 str 二维数组中，再通过 printf( )函数输出到屏幕。

12.2.5 以数据块为单位的文件读写

在程序中常常需要一次读入或写入一个数据块，例如数组或结构体变量。C 语言使用 fread（）函数从文件读一个数据块存入计算机内存，使用 fwrite( )函数实现将内存中的一个数据块写入文件。这两个函数的函数原型如下：

int fread(void *buffer, int size, int count, FILE *fp);

int fwrite(void *buffer, int size, int count, FILE *fp);

其中，buffer 是读出或写入数据的地址，size 是读出或写入数据块的大小，count 表示数据块的个数，fp 文件型指针，其值为 fopen( )函数打开文件的返回值。

fread( )函数的作用是从 fp 指针指向的文件读出 count*size 个字节数据到 buffer 所在的内存。函数成功运行后返回读取的数据块数 count；若已经读到文件尾部或读取过程发生错误，则返回值小于 count。

fwrite( )函数的作用是向 fp 指针指向的文件写入 count*size 个字节数据到 buffer 所在的内存。写入成功则返回写文件的数据块个数，即 count；若返回值小于 count 则表示写入过程失败。

【例 12.3】输入 2 个学生的有关数据，把它们保存到磁盘文件，在需要时读入内存，再显示到屏幕上。

```
#include <stdio.h>
#include <stdlib.h>
/*定义结构体*/
struct student_type
{
  char name[9];
  char num[11];
  int age;
  int  score;
};
struct student_type stu[2]={{"zhangsan","01",18,79},{"lisi","02",19,99}};
struct student_type st[2];
void save();
void load();
/*主函数*/
int main()
{
  save();
```

```
    load();
    return 0;
  }
  /*以数据块为单位写文件*/
  void save()
  {
    FILE *fp;
    int i;
    if((fp=fopen("stu_list.dat","wb"))==NULL)
    {
      printf("Can't open file!\n");
      exit(0);
    }
    for(i=0;i<2;i++)
      if (fwrite(&stu[i],sizeof(struct student_type),1,fp)!=1)
        printf("file write error\n");
    fclose(fp);
  }
  /*以数据块为单位读文件到内存，并从内存输出到屏幕*/
  void load()
  {
    FILE *fp;
    int i;
    if((fp=fopen("stu_list.dat","rb"))==NULL)
    {
      printf("Can't open file!\n");
      exit(0);
    }
    for(i=0;i<2;i++)
      if (fread(&st[i],sizeof(struct student_type),1,fp)!=1)
        printf("file read error\n");
    for(i=0;i<2;i++)
      printf("%s ,%s ,%d ,%d \n",st[i].name, st[i].num,
  st[i].age, st[i].score);
    fclose(fp);
  }
```

程序运行结果为：

```
zhangsan ,01 ,18 ,79
lisi ,02 ,19 ,99
```

12.3　文件的定位操作

无论是打开一个已经存在的文件还是刚刚建立一个新文件，每个文件内部都设有一个位置指示器，用来指定将在什么位置上执行读写操作。位置指示器指定的位置总是以偏离文件开头的字节数来表示。除了使用追加模式打开文件外，一般以读写模式打开文件后，文件的位置指示器自动移到文件的头部，即文件的起始位置。如果使用追加模式打开文件，则位置指示器移至文件的尾部。

文件的存取有两种方式：顺序文件存取和随机文件存取。

系统读写文件时，总是从文件位置指示器指向的位置开始，每读写一次，系统自动根据读写的数据长度来更新位置指示器，下一次读写时，将按照位置指示器指向的新位置开始读写，从而实现文件的顺序存取。当位置指示器指向文件尾时，对于以读模式打开的文件而言，就意味着已遇到文件结束标志，应该结束读文件的操作。

为了有效地控制文件的读写过程，有时需要调整位置指示器，使之直接指向要读写的位置，这种读写文件的操作方式称为随机存取，即可以在文件的任何位置读写数据，而不必先顺序地读取前面的内容。

curp是文件的当前读写位置，在顺序读写时可以不关心这个数值，在随机读写时往往通过移动curp来实现对读写位置的定位。

C语言提供了三个定位函数：rewind( )、fseek( )和ftell( )。

12.3.1 rewind( )函数

rewind( )函数将文件位置指示器重新设置在文件的开始处。其函数原型如下：

void rewind(FILE *fp);

此函数没有返回值。参数fp是一个FILE类型指针，指向已经打开的文件。无论当前文件位置指示器指向哪里，只要执行一次rewind( )函数调用后，位置指示器都将指向文件的开头位置，文件的开头位置是0。

12.3.2 fseek( )函数

如果想在文件的任何位置随机读取文件数据，则可以调用fseek()函数移动文件内部位置指针，使其移动或指向文件中任何一个指定位置，移动单位是字节。该函数的原型如下：

int fseek(FILE *fp, long offset, int origin);

其中，offset是位移量，它是long型数据，常量表示时要加后缀“L”；origin是位置指示器移动时的基准点，它可以有三种选择：文件头、当前位置、文件尾，这三种选择方式已经在io.h头文件中定义为三种不同的符号常量，可以直接用数字0,1,2来表示。参数的取值如表12-2所示。

表12-2　origin参数的取值及含义

符号常量	数值	调整位置指示器的方式
SEEK_SET	0	将位置指示器移至距文件开头offset个字节处
SEEK_CUR	1	将位置指示器移至距当前位置offset个字节处
SEEK_END	2	将位置指示器移至距文件结尾offset个字节处

该函数的使用形式如下：

fseek(文件指针,位移量,起始点);

例如：fseek(fp, 26L, 0);

表示在fp指针指向的文件中，以文件开头为起点，将位置指示器从文件起始处向文件尾部方向移动26个字节。

表示在 fp 指针指向的文件中，以文件结尾为起点，将位置指示器从文件起始处向文件开头方向移动 6 个 double 型变量的存储长度，即 48 个字节。

上述两个语句也可以写成如下形式：

fseek(fp, 26L, SEEK_SET);

fseek(fp, -6L*sizeof(double), SEEK_END);

12.3.3　ftell( )函数

如果想知道当前文件指示器指向文件中的哪个位置，则可以调用 ftell（）函数获取文件内部指针的当前位置。ftell（）函数的原型如下：

long ftell（FILE *fp）;

ftell（）函数执行后将返回一个 long 型数值，它表示位置指示器指向的位置与文件开始位置间隔多少个字节。如果函数执行失败，则 ftell（）返回一个长整型数值-1，亦为-1L。

n=ftell(文件指针);

【例 12.4】从键盘输入 10 个学生的信息，学生的信息包括：学号、姓名和成绩。保存这 10 名学生信息于文件 student.dat 中，然后从文件中再将第 4 个学生的信息读出，显示在屏幕上。

程序分析：要解决上述问题基本分为以下几步。首先定义一个结构体保存学生的学号、姓名和成绩，建立结构体数组，通过键盘输入 10 名学生信息存入内存；从内存写入磁盘文件；定位指针，找到要读的数组元素，利用 fread（）函数从磁盘文件一次性读出第 4 个学生所有数据并输出到屏幕。

```
#include <stdio.h>
#define N 10
/*定义一个结构体数组*/
struct STUDENT
{
  char stu_num[10];
  char stu_name[10];
  double score;
};
struct STUDENT std[N];
struct STUDENT std1;
int main( )
{
  int i;
  FILE *fp;
  printf("Please input student information:\n");
  /*把结构体数组输入内存*/
  for(i=0;i<N;i++)  /*输入 10 个学生信息到内存的结构体数组*/
    scanf("%s %s %lf", &std[i].stu_num, &std[i].stu_name,&std[i].score);
  if((fp=fopen("student.dat","wb+"))==NULL)
  {
     printf("\n Can't open this file!\n");
     exit(0);
  }
  /*把内存中的结构体数组写入文件*/
```

```
    if( fwrite(std,sizeof(struct STUDENT),10,fp)!=10)
     printf("File write error!\n");
    else
     printf("Data is saved.\n");
    /*从文件头开始，指针移到文件中的第4个数组*/
    fseek(fp,sizeof(struct STUDENT)*3,0);
    /*从文件一次性读出第4个数组元素，存入内存下标为3的std数组*/
    fread(&std[3], sizeof(struct STUDENT),1,fp);
    printf("No.:4 student's:\n");
    printf("Num:%s,Name:%s,Score:%5.2lf",
                              std[3].stu_num,std[3].stu_name, std[3].score);
    fclose(fp);
    return 0;
}
```

运行结果为：

```
please input student information:
01 zs 65
02 ls 78
03 ww 89
04 ml 90
05 lk 56
06 yy 99
07 fr 54
08 ds 76
09 fg 88
10 jk 63
Data is saved.
No.:4 student's:
Num:04,Name:ml,Score:90.00
```

12.4 文件出错检测

文件操作出错时程序经常使用 printf（）语句输出出错信息，希望信息能显示到屏幕，使用户可以读到。这样看起来没问题，使用时却可能有麻烦。因为操作系统可以为标准输入、输出设备提供不同于键盘、显示器的设备（叫设备重定向）。如果程序输出定向到文件，出错信息也必会被送到文件。屏幕上将无法看到出错信息。

送到标准错误流（stderr）的信息不受流定向影响，总显示在屏幕。只需用下面语句形式输出错误信息：

fprintf（stderr，…）；

每个C语言系统定义一组错误编号，0表示无错误，其余值表示各种错误，见<error.h>。标准库中常用的错误处理函数有以下几种。

12.4.1 perror( )函数

perror( )函数是打印当时错误信息的函数。其函数原型如下：

void perror(char *s);

该函数用于检查当时错误编号，perror 调用之前的最近错误，把对应的信息串送到 stderr。

12.4.2 ferror( )函数

（1）ferror( )函数

该函数在 I/O 出错时设置对应流相关的出错标志变量。其函数原型为：

int ferror(FILE *fp);

fp 的标志变量被设置时，函数返回非 0 值，表示最近一次文件操作出错；ferror 返回值为 0，表示未出错。应当在调用一个输入输出函数后立即检查函数 ferror 的值，否则信息会丢失。出错标志会一直保留到下一个操作发生或调用下面的清除函数 clearerr。

（2）clearer( )函数

clearer( )是错误标志复位（清除）函数，用来清除出错标志。其函数原型如下：

void clearer(FILE *fp);

（3）feof( )函数

feof( )函数检测文件指针是否达到文件结尾。若结束则返回非 0 值，否则返回 0 值。其函数原型为：

int feof(FILE *fp);

这个函数对二进制文件操作特别有用。下面这个循环结构是常用来处理文件数据的方法，它对文本文件和二进制文件同样适用：

while(!feof(fp))
{……文件数据读入并处理}

ferror(文件指针)；返回 0 值表示出错，返回非 0 值表示不出错。

【例 12. 5】读入文件 stu_list，并显示在屏幕上，使用 ferror( )检测读写错误，并在出现错误的时候给出错误提示，并退出程序。

```
#include<stdio.h>
#include<windows.h>
int main()
{
  char ch;
  FILE *fp;
  //绝对路径 e:\\zw\\stu_list.txt
  //相对路径 stu_list.txt
  if((fp=fopen("stu_list.txt","r"))==NULL)
  {
    printf("Can't open this file!\n");
    exit(0);
  }
  while(!feof(fp))
/*未到文件尾则每次从文件读一个字符，并显示在屏幕上*/
```

```
    {
      ch=fgetc(fp);
      if(ferror(fp))
      {
        printf("File Error!\n");
        exit(0);
      }
      putchar(ch);
    }
    fclose(fp);
    return 0;
}
```

上例使用的是相对路径，即在当前路径下打开“stu_list.txt”文件。也可以使用绝对路径，打开磁盘指定位置的文件。如果磁盘有该文件则打开成功并把相应内容输出到屏幕；否则提示出错信息“Can't open this file!”。

12.5 本章小结

文件操作是程序设计中非常重要的一环，很多初学者反映文件这部分内容很难，学习C语言初级课程后，很多人反映难以应付文件方面的问题。掌握文件的使用也是有规可循的，我们总结一下文件使用的一些技巧和要点。

（1）掌握文件操作的步骤

理解文件结构FILE的作用和使用方法，用以下模式掌握文件操作的三大步骤。

```
FILE *fp;   /*为每一个要使用的文件定义一个文件指针*/
fp=fopen（"文件名"，"打开方式"）   /*用合适的方式打开文件*/
if（fp==NULL）   /*判断打开成功与否*/
{……}   /*打开文件失败时的处理*/
……   /*处理文件*/
fclose（fp）；   /*关闭文件*/
```

总之，文件只有打开、处理和关闭三类。并行操作的每个文件都需要一个指向FILE结构的指针。一个文件指针只有在其关联的文件关闭后，才可以指向另一个文件。

（2）确定文件打开方式

确定文件打开方式需要考虑以下问题：

① 用什么方式组织文件数据，是ASCII码还是二进制。二进制文件打开要指明“b”方式。

② 文件的用途。文件是用于输入、输出还是既输入又输出。

③ 文件的状态。文件是否存在，是打开新文件还是旧文件，旧文件中数据如何处理。

④ 必须判断打开操作是否成功，才能进行下一步文件操作。

（3）确定文件的操作

确定文件的操作要考虑以下三方面：

① 文件操作是顺序读写还是随机读写，是否需要定位文件指针。顺序读写文件位置指针自动移动；随机读写则在每次读写前要使用fseek（）函数定位文件位置指针。

② 读写的数据是ASCII码还是二进制码。ASCII码文件多使用顺序读写，二进制文件

多使用随机读写。注意函数参数是变量名称还是变量地址。

③ 注意判断读写操作是否成功。可以用操作函数的返回值或 ferror() 函数进行检查。要保持读写内容和文件位置指针的一致性。

(4) 注意关闭文件

关闭文件有两种思路:

① 某文件的读写操作完毕，马上关闭该文件，可减少文件指针变量的数量。

② 结束程序前关闭所有文件。

课后习题

1. 下列关于 C 语言数据文件的叙述中正确的是（ ）。
   A.文件由 ASCII 码字符序列组成，C 语言只能读写文本文件
   B.文件由二进制数据序列组成，C 语言只能读写二进制文件
   C.文件由记录序列组成，可按数据的存放形式分为二进制文件和文本文件
   D.文件由数据流形式组成，可按数据的存放形式分为二进制文件和文本文件
2. 关于文件理解不正确的是（ ）。
   A. C 语言把文件看作是字节的序列，即由一个个字节的数据顺序组成
   B. 所谓文件一般指存储在外部介质上数据的集合
   C. 系统自动地在内存区为每一个正在使用的文件开辟一个缓冲区
   D. 每个打开文件都和文件结构体变量相关联，程序通过该变量访问该文件
3. 如执行 fopen 函数时发生错误，则函数的返回值是（ ）。
   A.地址值　　B.1　　C.TRUE　　D.NULL
4. fp 是指向某文件的指针，已读到此文件末尾，则 feof(fp)的返回值是（ ）。
   A.非零值　　B.0　　C.NULL　　D.EOF
5. fread(buffer,64,2,fp)的功能是（ ）。
   A. 从 fp 所指向的文件中，读出整数 64，并存放在 buffer 中
   B. 从 fp 所指向的文件中，读出整数 64 和 2，并存放在 buffer 中
   C. 从 fp 所指向的文件中，读出 64 个字节的字符，读两次，并存放在 buffer 地址中
   D. 从 fp 所指向的文件中，读出 64 个字节的字符，并存放在 buffer 地址中
6. 以下程序的功能是（ ）。

```
int main()
{
  FILE*fp;
  char str[]="Qingdao 2019 ";
  fp=fopen("file2","w");
  fputs(str,fp);
   fclose(fp);
   return 0;
}
```

   A. 在屏幕上显示“Qingdao 2019”
   B. 把“Qingdao 2019”存入 file2 文件中
   C. 在打印机上打印出“Qingdao 2019”

D. 以上都不对

7. 利用 fwrite(buffer,sizeof(Student)，3,fp)函数描述不正确的( )。

A. 将3个学生的数据块按二进制形式写入文件

B. 将由 buffer 指定的数据缓冲区内的 3*sizeof(Student)个字节的数据写入指定文件

C. 返回实际输出数据块的个数，若返回0值则表示输出结束或发生了错误

D. 若由 fp 指定的文件不存在，则返回0值

8. 通过定义学生结构体数组，存储一批学生的学号、姓名和3门功课的成绩。将结构体数组中的所有学生数据以二进制方式输出到文件 student.dat 中，再将最后一名学生的信息读出到变量 n，并将最后一名学生的学号和姓名显示到屏幕上。

部分习题参考答案与解析

第1章

1. B　2. C

3. 将华氏温度 t_F 转换为摄氏温度 t 和热力学温度 T 处理流程（为表达方便，程序中分别用 F、C、K 表示 t_F、t、T）：

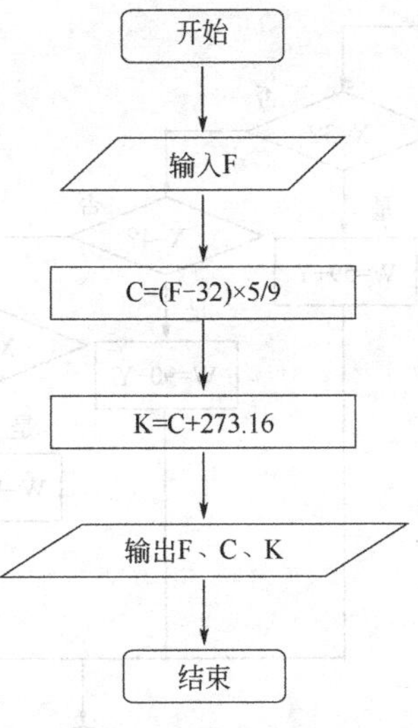

4. 求 2018 年 X（1≤X≤5）月有 Y 天流程处理过程。

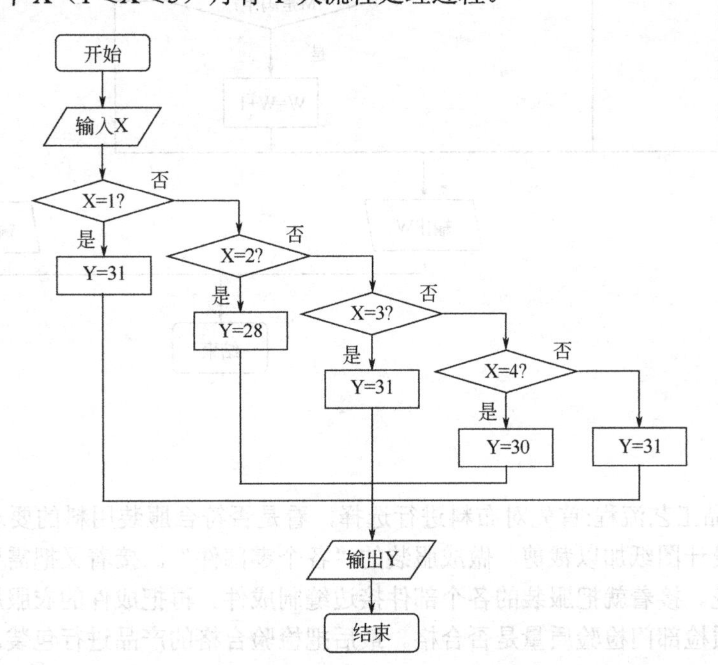

5. 用流程图描述求M年X（1≤X≤6）月Y日是M年第W天的过程。

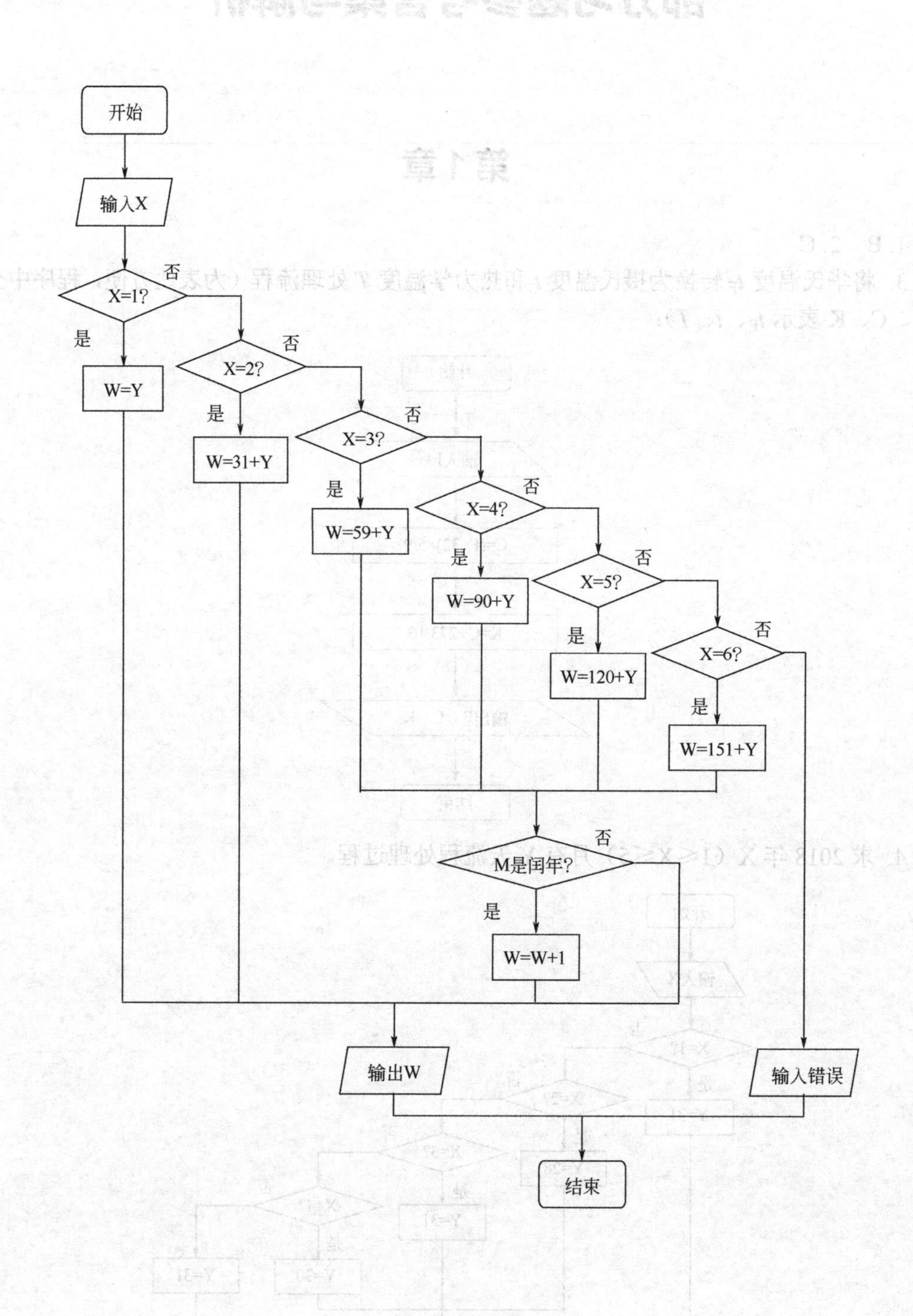

6. 服装产品工艺流程:首先对布料进行选择，看是否符合服装用料的要求，接着把符合用料的布匹按设计图纸加以裁剪，做成服装的“各个零部件”。接着又把需要做图案装饰的零部件印上绣花。接着就把服装的各个部件接边缝制成件。再把成件的衣服用熨斗熨平。接着把成衣交给质检部门检验质量是否合格。最后把检验合格的产品进行包装。

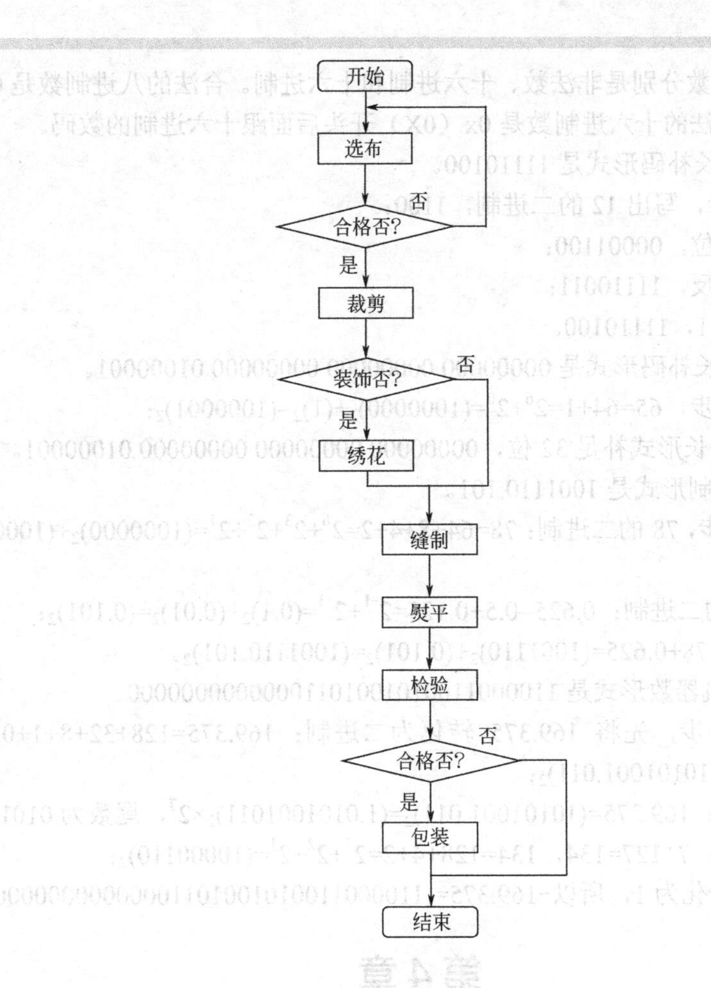

第3章

1. D。**答案解析:**default是关键字，用在switch语句中；enum是关键字，用于定义枚举类型；register是关键字，用于声明寄存器类型的变量。external不是关键字，容易和关键字extern混淆。

2. A。**答案解析:**基数是每位上可以出现的数码的个数，能出现8个就是八进制，出现10个就是十进制，能出现数码的个数称为进制的基数；位权是一个数码出现的位置，数值是若干个数码按一定顺序排列组成的数的大小；指数是有理数乘方的一种运算形式,它表示的是几个相同因数相乘的关系，因此正确选项为A。

3. A。**答案解析:**选项A都不是关键字；选项B中char是关键字，其余两个不是；选项C中case是关键字，其余两个不是；选项D中while是关键字，其余两个不是。

4. A。**答案解析:**选项A中两个都符合标识符的命名规则，Int与int是不同的标识符；B的第2个标识符中有*号，不符合命名规则；C第1个标识符是数字开头不允许；D中for是关键字。

5. A。**答案解析:**选项A是不合法标识符,原因是标识符中出现了“.”符号。选项B、C、D都是合法的标识符，由字母构成又不与关键字重复。

6. C。**答案解析:**选项A中的三个数依次是十进制、十六进制和八进制；选项B中的三个数依次是非法数、八进制和十六进制；选项C的三个数分别是八进制、十六进制和十六进制；选项D中的三个数分别是非法数、十六进制和十六进制。合法的八进制数是0开头后面跟八进制的数码，合法的十六进制数是0x（0X）开头后面跟十六进制的数码。

7. −12的8位定长补码形式是11110100。

答案解析:第一步，写出12的二进制，1100；

第二步，补足8位，00001100；

第三步，按位取反，11110011；

第四步，末尾加1，11110100。

8. 65的32位定长补码形式是00000000 00000000 00000000 01000001。

答案解析：第一步，$65=64+1=2^6+2^0=(1000000)_2+(1)_2=(1000001)_2$；

第二步，32位定长形式补足32位，00000000 00000000 00000000 01000001。

9. 78.625的二进制形式是1001110.101。

答案解析：第一步，78的二进制：$78=64+8+4+2=2^6+2^3+2^2+2^1=(1000000)_2+(1000)_2+(100)_2+(10)_2=(1001110)_2$；

第二步，0.675的二进制：$0.625=0.5+0.125=2^{-1}+2^{-3}=(0.1)_2+(0.01)_2=(0.101)_2$；

第三步，$78.625=78+0.625=(1001110)_2+(0.101)_2=(1001110.101)_2$。

10. −169.375的机器数形式是11000011001010010110000000000000。

答案解析：第一步，先将169.375转化为二进制：$169.375=128+32+8+1+0.25+0.125=2^7+2^5+2^3+2^0+2^{-2}+2^{-3}=(10101001.011)_2$；

第二步，求尾数：$169.375=(10101001.011)_2=(1.0101001011)_2\times2^7$，尾数为0101001011；

第三步，求指数：$7+127=134$，$134=128+4+2=2^7+2^2+2^1=(10000110)_2$；

第四步，“−”符号化为1，所以$-169.375=(11000011001010010110000000000000)_2$。

第4章

1. A。**答案解析**：选项A中的三个数分别是十进制整型常量、十六进制整型常量和八进制整型常量；选项B中01a是非法的，其余两个是十六进制整型常量；选项C中−01是八进制整型常量，986012是十进制整型常量，0668是非法的；选项D中−0x48a是十六进制整型常量，2e5是实型常量，0x02B2是合法的整型常量。

2. B。**答案解析**：选项A中160和e3不合法；选项B均不合法；选项C中−018不合法，选项D中−e3不合法。

3. B。**答案解析**：选项B的0.8103<1是错误的原因，C语言中的科学计数法*aen*(或*aEn*)要求|*a*|>=1且|*a*|<10。

4. B。**答案解析**：%−4.2f输出格式指定输出总共占4位，其中小数点1位，小数部分2位，整数1位，但实际输出数值的整数部分大于1位，所以指定的总长度4无效，在实际输出时小数点和2位小数有效，实际输出213.83。

5. B。**答案解析:**选项A中'xf '是不合法的，其余是合法转义字符；选项B中均不合法；选项C中'\011'和'\f'是合法的，'\}'不合法；选项D中'\101'是合法的转义字符，其余两个是不合法的。

6. A。**答案解析:** '\72'是一个转义字符,因此赋值之后变量C中包含一个字符。

7. A。**答案解析:**字符串是由" "括起来的字符序列，因此选项A不正确。

8. B。**答案解析:**在scanf输入数据时，如果不指定数据间隔字符，系统默认用空格、回车和 TAB 间隔数据。

9. A。**答案解析:**选项 A 指定用空格分隔，在输入字符时必须在不同字符之间输入空格；选项 B、选项 C、选项 D 都不能用空格分隔字符。

10. 双精度型。

11. &。

12. 正确。

13. 正确。

14. 1。

15. 输入样例：

```
123456.789a
```

输出样例：

```
123    |    456.8|a
#include<stdio.h>
int main()
{
  int a;
  char ch;
  double d;
  scanf("%3d%lf%c",&a,&d,&ch);
  printf("%-8d|%8.1f|%c\n",a,d,ch);
  return 0;
}
```

第 5 章

1. A 。**答案解析:**+、-运算属于算术运算，操作数是数值类型，因此'A'、'6'、'3'在进行+、-运算时是用的各自字符对应的 ASCII 码，数值分别是 65、78 和 75，运算结果是 68，由于 c2 是字符型变量，68 赋值给 c2 时要将 ASCII 转换成字符 D，因此答案为 A。

2. D。**答案解析:**选项等价于 x=x%(k=k%5),结果为 0；选项 B 等价于 x=x%(k-k%5),结果是 2；选项 C 等价于 x=x%(k-k%5),结果是 2；选项 D 等价于(x=x%k)-(k=k%5),结果是 3。

3. B。**答案解析:**(k++*1)/3,即 11/3 等于 3。

4. A。**答案解析:**表达式 x+a%3*(int)(x+y)%2/4 的执行顺序是：a%3 结果为 1，(int)(x+y)结果为 7，1*7%2/4 的结果是 0，x+0 结果 2.500000。

5. D。**答案解析:**C 语言中小写字母指的字符是'a', …, 'z'，c1 如果为小写字母，必须同时满足大于等于'a'且小于等于'z'，关系运算不能使用连等的方式，要通过逻辑运算进行关联。因此对应的是选项 D。

6. A。**答案解析:** 选项 A 中%是求余运算，要求运算对象的数据是整数类型，而 x 是 double 型，不能进行%运算；选项 B、C、D 都属于赋值运算。

7. C。**答案解析:**这是一个逗号运算表达式的嵌套，根据逗号表达式的运算规则先计算 a=3*5，结果 a 的值是 15，再计算 a*4,结果是 60，第一个逗号运算表达式计算结束，然后计算 a+15，结果是 30 并作为整个逗号运算表达式的值。

8. 2。

9. y%2==1 或 y%2！=0。

10. （x<0&&y>=0）||（y<0&&x>=0）。

11. -60。

12. 12。

13. 8。

第6章

1. B。**答案解析:** if语句中逻辑表达式(++i>0)&&(++j>0)的值为真，i的值为1，j的值为1，执行a++运算后a的值为7，因此输出结果为B。

2. A。**答案解析:**当x>12时，执行y=x+10,当x≤12时，执行y=x-12。而x的值是12，执行y=x-12后，y的值变为0。

3. D。**答案解析:**由于x初值为1，进入 switch（y）语句，y初值为0，执行a++,没有跳出语句，继续执行b++后出switch(y)语句，重新进入switch(x),由于没有跳出语句，继续执行a++、b++之后结束switch(x)语句，输出结果a和b的值都是2。

4.
```
#include<stdio.h>
int main()
{
 double salary,chaoe,tax;
 printf("input salary:");
 scanf("%lf",&salary);
 chaoe=salary-5000;
 if(chaoe<=3000)
    tax=chaoe*0.03;
 else if(chaoe<=12000)
    tax=chaoe*0.1-210;
 else if(chaoe<=25000)
    tax=chaoe*0.2-1410;
 else if(chaoe<=35000)
  tax=chaoe*0.25-2660;
 else if(chaoe<=55000)
  tax=chaoe*0.30-4410;
 else if(chaoe<=80000)
  tax=chaoe*0.35-7160;
 else
  tax=chaoe*0.45-15160;
 printf("salary=%.2f,tax=%.2f\n",salary,tax);
 return 0;
}
```

5.
```
#include<stdio.h>
int main()
{
 char c;
 printf("input a charactor:");
 scanf("%c", &c);
```

```
  if(c>='A'&&c<='Z')
  c=c+'a'-'A';
  printf("%c\n", c);
  return 0;
}
```

6. 利息的计算公式为：利息＝本金×月息利率×12 ×存款年限。

```
#include<stdio.h>
int main()
{
  double principal,interest;
  int period;
  printf("input principal（本金） and period（存款周期）:");
  scanf("%lf,%d", &principal,&period);
  switch(period)
  {
    case 1:interest=principal*0.00315*12*1;
         break;
    case 2:interest=principal*0.00330*12*2;
         break;
    case 3:interest=principal*0.00345*12*3;
         break;
    case 5:interest=principal*0.00375*12*5;
         break;
    case 8:interest=principal*0.00420*12*8;
         break;
  }
 printf("本金+利息合计：%.2f\n",principal+interest);
 return 0;
}
```

7. 先对运算符 op 进行判断，若 op 是+，则进行 data1+data2 运算；若 op 是-，则进行 data1-data2 运算；若 op 是*，则进行 data1*data2 运算；若 op 是/，则继续判断 data2 是否为 0，若 data2 不为 0，则进行 data1/data2 运算，否则则不能进行/运算，输出/出错。

```
#include<stdio.h>
int main()
{
  double data1,data2,data;
  char op;
  int flag=1;
  printf("input data1 op data2:");
  scanf("%lf%c%lf", &data1,&op,&data2);
  switch(op)
  {
    case '+':data=data1+data2;
        break;
    case '-':data=data1-data2;
        break;
    case '*':data=data1*data2;
```

```
        break;
     case '/':if((data2-0)<1e-6)
            flag=0;
        else
          data=data1/data2;
        break;
    }
    if(flag)
       printf("%.2f %c %.2f=%.2f\n",data1,op,data2,data);
    else
       printf("%.2f/%.2f ERROR!\n",data1,data2);
    return 0;
  }
```

8.
```
#include<stdio.h>
int main()
{
  double profit,reward;
  scanf("%lf",&profit);
  if(profit<=10)
    reward=0.1*profit;
  else if(profit<=20)
        reward=0.075*(profit-10)+1;
     else if(profit<=40)
            reward=0.05*(profit-20)+1.75;
          else if(profit<=60)
                 reward=0.03*(profit-40)+2.75;
               else if(profit<=100)
                      reward=0.015*(profit-60)+3.35;
                    else
                      reward=0.01*(profit-100)+3.95;
  printf("奖金可以得到%d元\n",int(reward*10000));
  return 0;
}
```

9. 先判断是否闰年，然后计算平年中某月某天是该年的第几天，如果本年是闰年，且月份大于2月，则要在平年的基础上加上闰年2月多的一天。

```
#include<stdio.h>
int main()
{
   int year,month,day,leap,days;
   printf("year,month,day");
   scanf("%d,%d,%d",&year,&month,&day);
   if(year%400==0||(year%100!=0&&year%4==0))
     leap=1;
   else
     leap=0;
   switch(month)
   {
```

```
    case 1:days=day;
           break;
    case 2:days=31+day;
          break;
    case 3:days=59+day;
          break;
    case 4:days=90+day;
           break;
    case 5:days=120+day;
          break;
    case 6:days=151+day;
          break;
    case 7:days=181+day;
           break;
    case 8:days=212+day;
          break;
    case 9:days=243+day;
          break;
    case 10:days=273+day;
           break;
    case 11:days=304+day;
          break;
    default:days=334+day;
    }
    if(leap==1&&month>2)
     days=days+1;
    printf("%d,%d,%d is %dth day\n",year,month,day,days);
    return 0;
}
```

第7章

1. C。**答案解析:**由于 while 条件是一个赋值语句且赋值为 0，条件为假，不执行循环。

2. C。**答案解析:**由于 n++是后置++，先与 3 进行关系判断，然后执行自加运算。当 n++的值为 3 时，条件不满足，循环终止，在循环终止之前已经执行了 3 次 n++，n 的值由 0 变为 3，当 n++<3 结果为假时，n 最后一次执行自加运算，n 的值变为 4。

3. D。**答案解析:**当 while(--y)中的--y 值为 1 时，继续执行循环条件 do(--y)的判断，--y 的值为 0，循环终止，输出 y--的值为 0。

4. B。**答案解析:**x 初值为 3，输出 1 后，!（--x）为真，再次输出-2 后，!（--x）为假，循环终止。

5. D。**答案解析:** for 循环既可以用于循环次数已知也可用于循环次数未知的情况；for 循环时先判断条件，条件成立执行循环体；for 循环可以通过 break 语句跳出循环。for 语句可以通过花括号括起多条语句作为循环体。

6. A。**答案解析:**输出 6～16 之间能够被 4 整除的数，结果是 8 12 16。

7. D。**答案解析:**当 i 的值是 1、3、5 时，b-->=0 为真，连续执行两次 b--和 k++；当 i

的值是 2、4 时，执行一次 b--和一次 k++,这样在内外循环控制下，总共执行了 8 次 k++,k 的值由 0 变为 8;当 b--的值为-1 时，b-->=0 为假，循环终止，执行后置--，b 的值为-2。

8. A。**答案解析:**本题是双层循环，外循环循环 7 次，内循环循环 6 次，循环总次数 42 次。

9. D。**答案解析:**continue 语句的作用是结束本次循环开始下次循环；选项 B 应该是 break 语句只能在循环体及 switch 语句中使用；循环体中 break 与 continue 的作用不同。

10. B。**答案解析:**选项 B，在 switch 语句中 continue 的作用是结束本次循环，而不是终止整个循环的执行；break 的作用是终止整个循环。

11. 赵风、孙海、王强、张林、李明要么为捐款人要么不是捐款人，捐款人只有一人，而且线索中的六句话有四句是真话。根据以上条件，可以一一假设这五人中的任意一个人是捐款者，然后通过“捐款人只有一人”和“线索中的六句话有两句为假”进行排除。分别用变量 zhf、sh、wq、zhl、lm 表示赵风、孙海、王强、张林、李明，值取 0 表示不是捐款人，值取 1 表示是捐款人。

（1）“这钱或者是赵风寄的，或者是孙海寄的”可表示为：zhf||sh

（2）“这钱如果不是王强寄的，就是张林寄的”可表示为：wq||zhl

（3）“这钱是李明寄的”可表示为：lm

（4）“这钱不是张林寄的”可表示为：!zhl

（5）“这钱肯定不是李明寄的”可表示为：!lm

（6）“这钱不是赵风寄的，也不是孙海寄的”可表示为：!zhf&&!sh

只有一位捐款人可表示为：（zhf+sh+wq+zhl+lm==1）

六句话中有两句为假可表示为：（zhf||sh）+(wq||zhl)+lm+!zhl+!lm+(!zhf&&!sh)==4

```
#include<stdio.h>
int main()
{
   int zhf,sh,wq,zhl,lm;
   for(zhf=0;zhf<=1;zhf++)
      for(sh=0;sh<=1;zhf++)
         for(wq=0;wq<=1;wq++)
            for(zhl=0;zhl<=1;zhl++)
               for(lm=0;lm<=1;lm++)
                  if(((zhf||sh)+(wq||zhl)+lm+!zhl+!lm+(!zhf&&!sh)==4)
                   &&(zhf+sh+wq+zhl+lm==1))
                     printf("zhaofeng=%d,sunhai=%d,wangqiang=%d,zhanglin
                     =%d,liming=%d",zhf,sh,wq,zhl,lm);
   return 0;
}
```

12. 六个小朋友要么是打碎花瓶的，要么是没打碎花瓶的。用 0 表示没打碎，用 1 表示打碎。分别用 y1,y2,y3,y4,y5,y6 表示各个小朋友，这样六个小朋友说的话可用表达式表示。

（1）小一:“是小六打碎的”可表示为：y6

（2）小二:“小一说的对”可表示为：y6

（3）小三:“小一、小二和我没有打碎花瓶”可表示为：!y1&&!y2&&!y3

（4）小四:“反正不是我”可表示为：!y4

（5）小五:“是小一打碎的花瓶，所以不可能是小二或小三”可表示为：y1&&(!y2&&!y3)

（6）小六:“是我打碎的花瓶，小二是无辜的”可表示为：y6&&!y2

“他们每个人说的话都是假话”可表示为: (y6+(!y1&&!y2&&!y3)+!y4+(y1&&(!y2&&!y3))+(y6&&!y2)==0)

或者：

(y6||(!y1&&!y2&&!y3)||!y4||(y1&&(!y2&&!y3))||(y6&&!y2)==0)

```
#include<stdio.h>
int main()
{
   int y1,y2,y3,y4,y5,y6;
   for(y1=0;y1<=1;y1++)
     for(y2=0;y2<=1;y2++)
       for(y3=0;y3<=1;y3++)
         for(y4=0;y4<=1;y4++)
           for(y5=0;y5<=1;y5++)
             for(y6=0;y6<=1;y6++)
               if(y6+(!y1&&!y2&&!y3)+!y4+(y1&&(!y2&&!y3))
                   +(y6&&!y2)==0)
               printf("y1=%d,y2=%d,y3=%d,y4=%d,y5=%d,y6=%d\n",
                      y1,y2,y3,y4,y5,y6);
   return 0;
}
```

13. 公司男同事中 A、B、C、D、E、F、G、H、I 中只有一位是新来女同事的男友。用 0 表示不是男友，用 1 表示是男友。这样九个男同事说的话可用表达式表示。

A:“这个人一定是 G，没错”可表示为：G

B:“我想应该是 G” 可表示为：G

C:“这个人就是我” 可表示为：C

D:“C 最会装模作样，他在吹牛”可表示为:!C

E:“G 不是会说谎的人” 可表示为：!G&&!I

F:“一定是 I”可表示为：I

G:“这个人既不是我也不是 I”可表示为：!G&&!I

H:“C 才是她的男友”可表示为：C

I:“是我才对”可表示为：I

“这 9 句话中，只有 2 个人说了实话”可表示为: ((G+G+C+!C+(!G&&!I)+I+(!G&&!I)==2)

“A、B、C、D、E、F、G、H、I 中只有一位是新来女同事的男友”可表示为：((A+B+C+D+E+F+G+H+I)==1)

```
#include<stdio.h>
int main()
{
  int A,B,C,D,E,F,G,H,I;
  for(A=0;A<=1;A++)
    for(B=0;B<=1;B++)
      for(C=0;C<=1;C++)
        for(D=0;D<=1;D++)
```

```
        for(E=0;E<=1;E++)
          for(F=0;F<=1;F++)
            for(G=0;G<=1;G++)
               for(H=0;H<=1;H++)
                 for(I=0;I<=1;I++)
                   if(((G+G+C+!C+(!G&&!I)+I+(!G&&!I))==2)
                      &&(A+B+C+D+E+F+G+H+I==1))
                         printf("A=%d,B=%d,C=%d,D=%d,E=%d,F=%d,G=
                               %d,H=%d,I=%d\n",A,B,C,D,E,F,G,H,I);
  return 0;
}
```

14. 按从1至5报数，最末一个士兵报的数为1等价于除5余1；按从1至6报数，最末一个士兵报的数为5等价于除6余5；按从1至7报数，最末一个士兵报的数为7等价于被7整除；最后按从1至11报数，最末一个士兵报的数为10等价于除11余10。

```
#include<stdio.h>
int main()
{
  int num=6;
  while(1)
    if((num%5==1)&&(num%6==5)&&(num%7==0)&&(num%11==10))
         break;
    else
         num++;
  printf("num=%d\n",num);
  return 0;
}
```

第8章

1. B。**答案解析:**C语言规定，数组名代表数组的首地址。

2. C。**答案解析:**数组一旦定义，大小不能改变，里面的元素类型也是相同的。

3. D。**答案解析:**一维数组在定义并初始化时，可以缺省数组长度，数组长度是初始化列表中的元素个数。

4. D。**答案解析:**x是一维数组名，本身就是地址，前面不能再加&取地址符号，应该通过循环方式依次给一维数组x中的每个元素读入数值。

5. A。**答案解析:**选项B中给出的元素个数超过定义的长度；选项C中数组元素前两个没有值；选项D定义的是指针变量a，应该用地址进行初始化。

6. C。**答案解析**：C针对的是两行四列，其余选项都是针对三行四列。

7. A。**答案解析**：对数组元素的引用中，下标的最小值是0，最大值比声明数组时对应长度-1，a[0][4]、a[2][2]、a[2][2+1]都不符合。

8. B。**答案解析**：A违背二维数组在定义时不允许第二维长度为空的原则；C初始化的二维数组至少是三行的二维数组；D初始化数据对应的二维数组至少4列。

9. D。**答案解析**：判断字符串str1是否大于字符串str2，两个字符串str1、str2比较应当使用函数strcmp(str1,str2)。若strcmp(str1,str2)>0,则str1大于str2；若strcmp(str1,str2)==0,

则 str1 等于 str2; 若 strcmp(str1,str2)<0,则 str1 小于 str2。

10. B。**答案解析**：当以字符串格式输出时，遇到'\0'停止。

11. 0*0*1*2*4*5*6*7*8*9*

答案解析:由于数组 a 采用的部分初始化，a[8]和 a[9]的值默认为 0，起泡排序后，按指定格式输出结果。

12. 21

答案解析:由于 k=5+(p[0]+p[1]+p[2])*2，且 p[i]=a[i*(i+1)]=i*(i+1)，故 k 的值为 5+(0+2+6)*2=21。

13. -3 -4 0 4 4 3

答案解析:程序的功能是：i 的值从 0 到 5，依次输出表达式 9*(i-2+4*(i>3))%5 的值。

14. a<回车> bc<回车> d

答案解析:程序中定义了字符数组 X，读取时用 getchar()函数，但是回车等分隔符也可以当成字符读入，因此读取前面 6 个字符分别给 X 中各个元素赋值，其中 X[i]，X[i]分别为回车符。

15. ① &a[i] ② continue

答案解析:①是基本概念，使用 scanf 函数输入数组元素的值。当输入的元素值小于 0 时，应当跳过后面的语句，取下一个数，所以②要填入 continue 。

16. 不能被 3 整除即除 3 余数不为 0，不能被 7 整除即除 7 余数不为 0，每行输出 8 个数，每行累计输出 8 个整数即输出一个换行符。

```
#include <stdio.h>
int main()
{
  int i, n=0;
  for(i=100;i<=200;i++)
  {
    if(i%3!=0&&i%7!=0)
    {
      printf("%6d",i);
      n++;
      if(n%8==0)
        printf("\n");
    }
  }
  printf("\nNumbers are: %d\n",n);
  return 0;
}
```

17. 将此问题转化为一维数组来处理，先将数组 a 中的 n 个元素分别赋初值 1～n，然后从 a[0]开始，顺序查找第三个值不为 0 的数组元素，若到 a[n-1]还没找到，再从 a[0]开始，找到后将其值赋为 0;再从刚赋 0 元素的下一个元素开始按上述方法查找第三个值不为 0 数组元素，并将其值赋为 0，依此下去，直到数组 a 中只有一个不为 0 的元素为止，其元素值不为 0 的元素就是所求。

```
#include <stdio.h>
```

```
#define N 10
int main()
{
  int a[N],m,i,k;
  for(i=0;i<N;i++)
    a[i]=i+1;
  i=0;
  m=0;
  k=0;
  while(m<N-1)
  {
    if((a[i]!=0)&&(k<3))
      k+=1;
    if(k==3)
    {
      a[i]=0;
      k=0;
      m+=1;
    }
    i=(i+1)%N;  //i 在数组 a 的下标 0～N-1 之间循环取值
  } //while
  for(i=0;i<N;i++)
    if(a[i]!=0)
      printf("last person is %d\n",i);
  return 0;
}
```

18. 采用数字分离法依次将数组中的每个四位十进制数的千位、百位、十位和个位数字分离出来，然后判断千位、十位之和与百位、个位之和是否相等，若相等，则将该四位十进制数存入数组 b 中，否则不存。

```
#include <stdio.h>
int main()
{
  int a[]={1221,2234,2343,2323,2112,2224,8987,4567,4455,8877};
  int b[10],i,gw,sw,bw,qw,k,num=0;
  k=0;
  for(i=0;i<10;i++)
  {
    gw=a[i]%10;
    sw=a[i]%100/10;
    bw=a[i]%1000/100;
    qw=a[i]/1000;
    if(qw+sw==bw+gw)
    {
      num++;
      b[k++]=a[i];
    }
  }
```

```
    for(i=0;i<num;i++)
      printf("%6d",b[i]);
    printf("\n  num=%d\n",num);
    return 0;
  }
```

19. 数组 b 初始化为 0。从数组 a 的第一个元素开始，进行累加操作 b[j]+=a[i]，累加过程中，数组 a 的下标每自加 3 次，数组 b 的下标自加 1 次。重复此操作，直到数组 a 的所有元素累加完为止。输出时，每输出 5 个元素输出一次换行符"\n"。

```
#include <stdio.h>
#define N  20
#define M  N/3+1
int main()
{
  int  a[N],i,j,b[M]={0};
  for(i=0;i<N;i++)
     scanf("%d",&a[i]);
  for(i=0,j=0;i<N;i++)
  {
   b[j]+=a[i];
   if((i+1)%3==0)
     j++;
  }
  if(N%3==0)
    j--;        //若N能被3整除，则数组b定义长度比实际元素个数大1
  for(i=0;i<=j;i++)
  {
   printf("%d ",b[i]);
     if((i+1)%5==0)
    printf("\n");
  }
  printf("\n");
  return 0;
}
```

20. 首先将数组 d 的所有元素都初始化为 0，然后从数组 b 的第一个元素开始判断，如果数组 b 的元素值大于或等于 100，则数组元素 d[10]加 1，否则，数组元素 d[数组 b 的元素值/10]加 1。重复此操作，直到数组 b 的最后一个元素为止。

```
#include <stdio.h>
#define  M  11
#define  N  20
int main()
{
   int b[N]={32,45,15,12,86,49,97,3,44,52,17,95,63,14,76,88,54,65,99,102};
   int d[M],i;
   for(i=0;i<M;i++)
      d[i]=0;
   for(i=0;i<N;i++)
```

```
        if(b[i]>=100)
           d[10]++;
        else
           d[b[i]/10]++;
      for(i=0;i<M-1;i++)
         printf("%4d--%4d :%4d\n", i*10, i*10+9,d[i]);
      printf(" over 100 :%4d\n", d[10]);
      return 0;
   }
```

第9章

1. C。**答案解析：**函数是程序的基本组成单位，C语言程序由一个或多个函数组成。

2. A。**答案解析：**C语言程序的执行是从主函数main()开始，通过主函数main()调用其他函数，再从主函数main()结束程序的运行。

3. A。**答案解析：**函数在定义时首部包括函数的返回值类型、函数名和参数，每个参数都要有对应的数据类型，即便是多个参数对应同一种数据类型，数据类型也不能缺省，参数之间用“，”分隔。

4. D。**答案解析：**在程序设计中往往根据需要确定若干个模块，分别由一些函数来实现。而在第一阶段只设计最基本的模块，其他一些次要功能或锦上添花的功能则在以后需要时陆续补上。在编写程序的开始阶段，可以在将来准备扩充功能的地方写上一个 dummy 函数，将来再写。

5. B。**答案解析：**函数的形参是一维数组，说明在参数之间传递的是地址，实参可以是一维数组或指针类型，通过实参将地址传递给形参数组，形参数组的大小无须制定，形参会把实参作为起始地址按先后顺序取值。

6. A。**答案解析：**实参分别是rec1、rec2+rec3和rec4三个参数。

7. B。**答案解析：**变量 x 是静态局部变量，存在于整个程序生存期，作用域在函数increment()内，当静态局部变量所在函数在同一个生命周期内被多次调用时，静态局部变量的 x 的值具有继承性，即上一次调用结束的值会作为下一次调用的初值，因此三次调用incerment()函数，变量x的值分别是1、2、3。

8. B。**答案解析：**全局变量在定义它的文件中定义之处以后是有效的，全局变量在程序的全部执行过程中一直占用内存单元，可以与程序中局部变量同名，但是全局变量的使用不利于程序的模块化和可读性的提高。

9. ① float ②&score[i] ③average(score)

10. x=1　　x=1　　x=1

    y=2

    y=4

    y=6

11. 5109

12. float ar;

    ar=3.14*r*r;

    cl=2*3.14*r;

```
return ar;
```

13. ① age(n−1)+2 ② c

14. ① 0.5*(x0+a/x0) ② a,x1

15.
```
int max(int a,int b)
{
  return a>b?a:b;
}
```

16.
```
int main()
{
  pyra(3);
  pyra(5);
  pyra(7);
  return 0;
}
```

17.
```
int pb(int x, int y, int z)
{
   if(x+y>z && x+z>y && y+z>x)
    return 1;
   else
    return 0;
}
int area(int x,int y,int z)
{
   int p;
   p=0.5*(x+y+z);
   return sqrt(p*(p-x)*(p-y)*(p-z));
}
```

18. 编写一个函数求x的n次方（n是整数），在主函数中调用它求5的3、4、5、6次方。

```
#include <stdio.h>
double power(double x, int n)
{
  if(n==0)
  return 1;
  else
    if(n<0)
      return power(x,n+1)/x;
    else
   return power(x,n-1)*x;
}
int main()
{
  int n;
  for(n=3;n<7;n++)
 printf ("5^%d=%.0f\n",n, power(5,n));
  return 0;
}
```

19. 编写一个函数，选出能被3整除且至少一位是5的两位数，用主函数调用这个函数，并输出所有这样的两位数。

```
#include<stdio.h>
void choice()
{
  int gw,sw,i;
  for(i=15;i<100;i=i+3)
  {
    gw=i%10;
    sw=i/10;
    if((i%3==0) && (gw*sw%5==0))
     printf("%3d",i);
  }
  printf("\n");
}
int main ()
{
  choice();
  return 0;
}
```

20. 编写一个函数，由实参传来一个字符串，统计此字符串中字母、数字、空格和其他字符的个数，在主函数中输入字符串并输出统计结果。

```
#include<stdio.h>
void tongji(char s[])
{
  int chnum=0,dnum=0,snum=0,qnum=0,i;
  for(i=0;s[i]!='\0';i++)
  {
    if(s[i]>='0'&&s[i]<='9')
     dnum++;
  else if((s[i]>='a'&& s[i]<='z')||(s[i]>='A'&& s[i]<='Z'))
       chnum++;
    else if(s[i]==' ')
           snum++;
         else
           qnum++;
  }
  printf("a-z,A-Z:%d\n",chnum);
  printf("0-9:%d\n",dnum);
  printf("  :%d\n",snum);
  printf("other:%d\n",qnum);
}
int main ()
{
  char str[50];
  gets(str);
  tongji(str);
```

```
    return 0;
}
```

21. 编写一个可以将字符串逆序的函数，在主函数中调用该函数将输入字符串逆序输出。

```
#include<string.h>
#include<stdio.h>
void nixu(char s[])
{
   int num=strlen(s),i,j;
   char ch;
   for(i=0,j=num-1;i<j;i++,j--)
   {
      ch=s[i];s[i]=s[j];s[j]=ch;
   }
}
int main ()
{
  char str[50];
  gets(str);
  puts(str);
  nixu(str);
  puts(str);
  return 0;
}
```

22. 假设小猴子摘的桃子数是x6，山神、风爷爷、雨神、雷神、电神拿走桃子之后剩余x1，建立未知数x6与已知数x1之间的递推关系。

		小猴子手中剩余的桃子数
	小猴子摘的桃子数	x6
1	山神拿走 0.5*x6+1 桃子	记为 x5 即 x5=0.5*x6-1
2	风爷爷拿走 0.5*x5+1 个桃子	记为 x4 即 x4=0.5*x5-1
3	雨神拿走 0.5*x4+1 个桃子	记为 x3 即 x3=0.5*x4-1
4	雷神拿走 0.5*x3+1 个桃子	记为 x2 即 x2=0.5*x3-1
5	电神拿走 0.5*x2+1 个桃子	记为 x1 即 x1=0.5*x2-1
		x1=1

通过递推关系，可以反向由已知回归到待求解x1。即经过5次迭代求出小猴子摘的桃子数。

	已知 x1=1
1	x2=2*(x1+1)
2	x3=2*(x2+1)
3	x4=2*(x3+1)
4	x5=2*(x4+1)
5	x6=2*(x5+1)

可以用数学归纳法归纳为数学模型：

$$\begin{cases} x_1 = 1 \\ x_{n+1} = 2(x_n + 1) \end{cases}$$

```
#include<stdio.h>
int taozi(int n)
{
  if(n==0)
    return 1;
  else
    return 2*(taozi(n-1)+1);
}
int main ()
{
  int taozishu;
  taozishu=taozi(5);
  printf("taozishu=%d\n",taozishu);
  return 0;
}
```

23. 整个程序的结构是主函数 main( )控制计算次数，并输出结果。函数 daoshu(int n)计算 n 的倒过来的数，函数 huiwen(int n)判断 n 是否为“回数”。

```
#include<stdio.h>
int daoshu(int n)
{
  int dsh=0,i;
  while(n>0)
  {
   i=n%10;
   dsh=dsh*10+i;
   n=n/10;
  }
  return dsh;
}
int huiwen(int n)
{
  int weishu=0,m=n,i,j,flag=1,buffer[10];
  i=0;
  while(m>0)
  {
    weishu++;
    buffer[i]=m%10;
    i++;
    m=m/10;
  }
  for(i=0,j=weishu-1;i<j;i++,j--)
  {
   if(buffer[i]==buffer[j])
     continue;
```

```
        else
        {
          flag=0;
          break;
        }
      }
      return flag;
    }
    int main ()
    {
      int x,y,num=7;
      printf("intput a integer data:");
      scanf("%d",&x);
      while(num>0)
      {
        num--;
        y=daoshu(x);
        if(huiwen(x+y))
          break;
        else
          x=x+y;
        num--;
      }
      if(num>0)
        printf("经过%d 次计算，得到回数%d\n",7-num,x+y);
      else
        printf("经过 7 次计算，未能得到回数\n");
      return 0;
    }
```

第10章

1. D。**答案解析**：在结构体类型定义时，struct 是关键字，stutype 是通过 typedef 在结构体类型 stu 基础上定义的与 stu 同类型的结构体，a 和 b 是结构体的成员。

2. D。**答案解析**：class 是结构体数组名，class[2]是结构体数组中的第三个变量，结构体数组在定义时进行了初始化，class[2]初始化的值是{"Mary",18}，class[2].name[0]的值是'M'。

3. C。**答案解析**：结构体成员的访问方式是"结构体名.成员名"，w 是结构体 workers 类型的变量，birth 是 workers 的成员型结构体变量，birth 包括 day、month、year 三个简单变量，在访问 day、month、year 时要包括两层结构体变量。即"外层结构体变量名.内层结构体变量名.成员"的方式，因此选项 C 是唯一正确的答案。

4. C。**答案解析**：由于共用体成员变量并不同时存在，但又共享同一片内存空间，因此，必须给共用体变量分配成员中占用内存量最大者所需的内存容量。

5. B。**答案解析**：由于共用体成员共享一片内存空间，因此任意时刻只有一个成员驻留在内存中。

6. D。**答案解析**：枚举类型中任意一个枚举常量都有一个对应的数值，对应数值可以指定也可以由系统默认，一个没有指定对应数值的枚举常量，它的对应数值是前一个已确定对应数值的枚举常量的对应数值+1，以此类推。由于blue指定了对应数值10，而white、black没有指定的对应数值,white的对应数值就是11，black的对应数值就是12。

7. A。**答案解析**：可以将枚举常量赋值给整型变量，整型变量取枚举常量的对应数值。语句中A3对应的数值是5，所以将A3赋值给整型变量b，b的值是5。

第11章

1. B。**答案解析**：指针就是地址，因此变量的指针就是变量的地址。

2. D。**答案解析**：ptr1和ptr2已指向变量k，*ptr1和*ptr2就是变量k，因此选项A、B、C都可以进行，不能将0之外的任意整数直接赋值给整型指针变量。

3. B。**答案解析**：P指向数组a，数值9是数组a的第8个元素值，则数值为9的表达式是可以是*(P+8)、P[8]、a[8]、*(a+8)等几种形式。

4. D。**答案解析**：指着变量p指向数组b，通过指针变量p可以访问数组b的任意一个元素，p+1、b+1、++p都是数组元素b[1]的地址，因此都可以访问到b[1]，唯独++b不可以，原因在于b是数组名，是一个常量，不能进行++运算。

5. A。**答案解析**：指针变量 t 在字符串比较过程中记录较长串的起始地址，即当strlen(t)<strlen(s[j])时，t记录s[j]。

6. C。**答案解析**：选项A中，char *s是定义s为指向字符的指针变量，在给s确定指向目标"girl"时，无须再加*；选项 B，只允许在定义数组时对数组初始化，如果不再定义数组时进行初始化，s[10]不表示一个数组；选项D，C语言中对相同类型的数组进行初始化必须分开进行。

7. B。**答案解析**：这是一个返回值为指针的函数，形参是一个指针变量，通过return返回的是指针变量的s的值，即s指向的char型目标变量的地址。

8. C。**答案解析**：format初始化为指向字符串常量"%s, m=%d, n=%d\n"，format作printf()的实参，语句printf(format, "m*=n", m,n)等价于printf("%s, m=%d, n=%d\n", "m*=n", m,n)。因此输出结果是m*=n,m=200, n=20。

9. C。**答案解析**：ps是指向二维数组s的行指针变量，指向s的第一行地址；ps+1是二维数组s的第二行地址；*(ps+3)是数组s第四行的首元素地址；*(ps+1)+3是s第二行第四列元素地址；ps[0][2]等价于*(*ps+2)是s第一行第三列的元素。

10. C。**答案解析**：cchar(char ch)函数的功能是将字符ch由大写变为小写，通过主函数调用依次将指针 p 指向的字符串"ABC+abc=defDEF"中的每个大写字符转换为小写，所以结果是abc+abc=defdef。

11. D。**答案解析**：通过串拷贝函数分三次分别把"cdefg""bcdefg"和"abcdefg"三个字符串赋值给同一个字符数组b2，因此字符数组b2中的字符个数是7。

12. 分析：通过一个函数 fun 计算两整数之和与两整数之差很容易实现，但通常情况下通过函数的返回值只能返回一个结果，要将两整数之和与两整数之差两个结果都返回，难以解决。由于指针可以指向数组的首地址也可以通过突破局部变量的作用域，因此可以借助指针解决返回两个结果的问题。一是将fun定义为返回值为整型地址的函数，通过指针可以返回多个值，并且这两个值要存放在一个数组中；二是将fun定义为返回值为int类型的函数，增加一个指针型参数，这样两整数之和与两整数之差分别通过函数返回值和指针型参数返回。显然第一种方式比较适合返回多个结果的情况，第二种方式比较适合返回两个计算结果的情况。

```
#include<stdio.h>
int fun(int x,int y,int *p)
{
  int sum,sub;
  sum=x+y;
  sub=x-y;
  *p=sub;
  return sum;
}
int main()
{
  int a,b,m1,m2;
  printf("Please input two integer number:");
  scanf("%d %d",&a,&b);
  m1=fun(a,b,&m2);
  printf("sum=%d,sub=%d\n",m1,m2);
}
```

13. 分析：要将打折前的全部商品价格全部修改为打 8.5 折的价格，并且从中找出单价商品价格大于 500 元的商品，由于打折前全部商品的价格都保存在数组 price 中，这样只需将 price 作为参数，就可以访问到全部商品价格。

```
#include<stdio.h>
#define M 6
void discount(float *p,int n,float *g)
{
  int i,j=0;
  for(i=0;i<M;i++)
  {
    p[i]=p[i]*0.85;
    if(p[i]>500)
      g[j++]=p[i];
  }
  g[j]=-1;
}
int main()
{
  float price[M]={238.0,958.0,1089.0,599.0,799.0,198.0};
  float gift[M+1];
  int i;
  printf("打折之前的价格是：");
  for(i=0;i<M;i++)
    printf("%7.1f",price[i]);
  discount(price,M,gift);
  printf("\n打折之后的价格是：");
  for(i=0;i<M;i++)
    printf("%7.1f",price[i]);
  printf("\n打折之后单件满500的商品有：");
```

```
  for(i=0;gift[i]>0;i++)
    printf("%7.1f",price[i]);
  return 0;
}
```

14. 分析：首先判断pw中的内容是否为“Qingdao2019”,如果是则允许进一步操作，否则提示密码不正确拒绝使用。因为不能够直接使用>、<、=比较字符串大小，在判断pw中的内容是否为“Qingdao2019”时需要用到函数strcmp()。

```
#include<stdio.h>
#include<string.h>
int main()
{
  char pw[80],name[80],str[90];
  printf("Please input your name:");
  gets(name);
  printf("Please input Password:");
  gets(pw);
  if(strcmp(pw," Qingdao2019")==0)
    printf("Wlecome  %s using the system\n",name);
return 0;
}
```

第12章

1. D。**答案解析**：C语言中的文件是以数据流的形式来组织的，分为二进制数据流和文本数据流形式。

2. C。**答案解析**：内存中设有文件缓冲区，被所有文件共享，哪个文件打开哪个使用。

3. D。**答案解析**：fopen函数打开文件正确，指向该数据流的文件指针就会被返回，打开错误则返回NULL。

4. A。**答案解析**：feof()函数功能是检测流上的文件结束符，如果文件结束，则返回非0值，否则返回0。

5. C。**答案解析**：fread(buffer,size,num,fp)从fp指向的文件流中读数据size个字节数据，读num次，存放到buffer内存地址中。

6. B。**答案解析**：将字符串str写入fp指向的文件。

7. C 。**答案解析**：fwrite功能是向指定的文件中写入若干数据块，如成功执行则返回实际写入的数据块数目。该函数以二进制形式对文件进行操作。

8. 分析：程序中需要用到文件的读入、读出以及文件定位操作。

```
#include<stdio.h>
#define N 5
typedef struct student{
  char sno[11];
  char name[10];
  float score[3];
}STU;
int main()
```

```
{
  STU s[N]={{"1908100101","machao",91,92,93},
            {"1908100102","liming",89,92,78},
            {"1908100103","songpeng",90,80,60},
            {"1908100104","liyun",68,78,88},
            {"1908100105","lichao",49,89,98}},n;
  FILE *fp;
  fp=fopen("student.dat","wb");
  fwrite(s,sizeof(STU),N,fp);
  fclose(fp);
  fp=fopen("student.dat","rb");
  fseek(fp,-1L*sizeof(STU),SEEK_END);
  fread(&n,sizeof(STU),1,fp);
  printf("%s,%s\n",n.sno,n.name);
  fclose(fp);
  return 0;
}
```

附录1　常用字符ASCII码对照表

ASCII值	字符	ASCII值	字符	ASCII值	字符	ASCII值	字符
0	NULL	32	(space)	64	@	96	、
1	SOH	33	!	65	A	97	a
2	STX	34	”	66	B	98	b
3	ETX	35	#	67	C	99	c
4	EOT	36	$	68	D	100	d
5	ENQ	37	%	69	E	101	e
6	ACK	38	&	70	F	102	f
7	BEL	39	’	71	G	103	g
8	BS	40	(	72	H	104	h
9	HT	41	)	73	I	105	i
10	LF	42	*	74	J	106	j
11	VT	43	+	75	K	107	k
12	FF	44	,	76	L	108	l
13	CR	45	−	77	M	109	m
14	SO	46	.	78	N	110	n
15	SI	47	/	79	O	111	o
16	DLE	48	0	80	P	112	p
17	DC1	49	1	81	Q	113	q
18	DC2	50	2	82	R	114	r
19	DC3	51	3	83	X	115	s
20	DC4	52	4	84	T	116	t
21	NAK	53	5	85	U	117	u
22	SYN	54	6	86	V	118	v
23	ETB	55	7	87	W	119	w
24	CAN	56	8	88	X	120	x
25	EM	57	9	89	Y	121	y
26	SUB	58	:	90	Z	122	z
27	ESC	59	;	91	[	123	{
28	FS	60	<	92	/	124	|
29	GS	61	=	93	]	125	}
30	RS	62	>	94	^	126	~
31	US	63	?	95	_	127	DEL

附录2 C语言关键字

序号	关键字	含义
1	auto	声明自动变量
2	short	声明短整型变量或函数
3	int	声明整型变量或函数
4	long	声明长整型变量或函数
5	float	声明浮点型变量或函数
6	double	声明双精度变量或函数
7	char	声明字符型变量或函数
8	struct	声明结构体变量或函数
9	union	声明共用体数据类型
10	enum	声明枚举类型
11	typedef	用以给数据类型取别名
12	const	声明常量
13	unsigned	声明无符号类型变量或函数
14	signed	声明有符号类型变量或函数
15	extern	声明变量是在其他文件正声明
16	register	声明寄存器变量
17	static	声明静态变量
18	volatile	说明变量在程序执行中可被隐含地改变
19	void	声明函数无返回值或无参数，声明无类型指针
20	else	条件语句否定分支（与 if 连用）
21	switch	用于开关语句
22	case	开关语句分支
23	for	一种循环语句
24	do	循环语句的循环体
25	while	循环语句的循环条件
26	goto	无条件跳转语句
27	continue	结束当前循环，开始下一轮循环
28	break	跳出当前循环
29	default	开关语句中的“其他”分支
30	sizeof	计算数据类型长度
31	return	子程序返回语句（可以带参数，也可不带参数）
32	if	条件语句

附录3 C语言运算符优先级和结合性

优先级	运算符	名称或含义	使用形式	结合方向	说明
1	[]	数组下标	数组名[常量表达式]	从左到右	
	()	圆括号	(表达式)/函数名(形参表)		
	.	成员选择（对象）	对象.成员名		
	->	成员选择（指针）	对象指针->成员名		
2	-	负号运算符	-表达式	从右到左	单目运算符
	(类型)	强制类型转换	(数据类型)表达式		
	++	自增运算符	++变量名/变量名++		单目运算符
	--	自减运算符	--变量名/变量名--		单目运算符
	*	取值运算符	*指针变量		单目运算符
	&	取地址运算符	&变量名		单目运算符
	!	逻辑非运算符	!表达式		单目运算符
	~	按位取反运算符	~表达式		单目运算符
	sizeof	长度运算符	sizeof(表达式)		
3	/	除	表达式/表达式	从左到右	双目运算符
	*	乘	表达式*表达式		双目运算符
	%	余数（取模）	整型表达式/整型表达式		双目运算符
4	+	加	表达式+表达式	从左到右	双目运算符
	-	减	表达式-表达式		双目运算符
5	<<	左移	变量<<表达式	从左到右	双目运算符
	>>	右移	变量>>表达式		双目运算符
6	>	大于	表达式>表达式	从左到右	双目运算符
	>=	大于等于	表达式>=表达式		双目运算符
	<	小于	表达式<表达式		双目运算符
	<=	小于等于	表达式<=表达式		双目运算符
7	==	等于	表达式==表达式	从左到右	双目运算符
	!=	不等于	表达式!= 表达式		双目运算符
8	&	按位与	表达式&表达式	从左到右	双目运算符
9	^	按位异或	表达式^表达式	从左到右	双目运算符
10	|	按位或	表达式|表达式	从左到右	双目运算符
11	&&	逻辑与	表达式&&表达式	从左到右	双目运算符
12	||	逻辑或	表达式||表达式	从左到右	双目运算符
13	?:	条件运算符	表达式 1? 表达式 2: 表达式 3	从右到左	三目运算符

续表

<table>
<tr><th>优先级</th><th>运算符</th><th>名称或含义</th><th>使用形式</th><th>结合方向</th><th>说明</th></tr>
<tr><td rowspan="11">14</td><td>=</td><td>赋值运算符</td><td>变量=表达式</td><td rowspan="11">从右到左</td><td rowspan="11">左边变量与右边表达式进行=前运算符的运算，并把运算后的值赋给左边变量</td></tr>
<tr><td>/=</td><td>除后赋值</td><td>变量/=表达式</td></tr>
<tr><td>*=</td><td>乘后赋值</td><td>变量*=表达式</td></tr>
<tr><td>%=</td><td>取模后赋值</td><td>变量%=表达式</td></tr>
<tr><td>+=</td><td>加后赋值</td><td>变量+=表达式</td></tr>
<tr><td>-=</td><td>减后赋值</td><td>变量-=表达式</td></tr>
<tr><td><<=</td><td>左移后赋值</td><td>变量<<=表达式</td></tr>
<tr><td>>>=</td><td>右移后赋值</td><td>变量>>=表达式</td></tr>
<tr><td>&=</td><td>按位与后赋值</td><td>变量&=表达式</td></tr>
<tr><td>^=</td><td>按位异或后赋值</td><td>变量^=表达式</td></tr>
<tr><td>|=</td><td>按位或后赋值</td><td>变量|=表达式</td></tr>
<tr><td>15</td><td>,</td><td>逗号运算符</td><td>表达式 1,表达式 2,…，表达式 n</td><td>从左到右</td><td>值为表达式 n</td></tr>
</table>

附录4　C语言常用库函数

库函数是由编译系统根据用户的需要编制并提供用户使用的一组程序。库函数并不是C语言的一部分。每一种C语言编译系统都提供了一批库函数，不同的编译系统提供的库函数数目和函数名以及函数功能不完全相同。C语言库函数的原型定义都是放在头文件中，使用库函数必须使用#include 命令把头文件包含到程序中。由于篇幅所限，本附录只列出一些常用的库函数。

（1）数学函数

数学函数除整数取绝对值函数 abs( )包含在头文件“stdlib.h”外，其余的函数原型在“math.h”头文件中。

函数名	函数原型说明	功能	返回值	说明
abs	int abs(int x)	求整数 x 的绝对值	计算结果	
acos	double acos (double x)	计算 $\cos^{-1}(x)$的值	计算结果	x∈[−1,1]
asin	double asin(double x)	计算 $\sin^{-1}(x)$的值	计算结果	x∈[−1,1]
atan	double atan(double x)	计算 $\tan^{-1}(x)$的值	计算结果	x∈[−1,1]
atan2	double atan2(double x, double y)	计算 $\tan^{-1}(x/y)$的值	计算结果	
ceil	double ceil(double x)	求不小于 x 的最小双精度整数	该整数的双精度实数	
cos	double cos(double x)	计算 cos(x)的值	计算结果	x 的单位为弧度
cosh	double cosh(double x)	计算双曲余弦 cosh(x)的值	计算结果	
exp	double exp(double x)	求 e_x 的值	计算结果	
fabs	double fabs(double x)	求双精度实数 x 的绝对值	计算结果	
floor	double floor(double x)	求不大于双精度实数 x 的最大整数	该整数的双精度实数	
fmod	double fmod(double x, double y)	求 x/y 整除后的双精度余数	余数的双精度数	
frexp	double frexp (double val, int *exp)	把双精度 val 分解为尾数和以 2 为底的指数 n，即 $val=x*2_n$，n 存放在 exp 所指的变量中	返回尾数 x 0.5≤x<1	
log	double log(double x)	求ln x	计算结果	x>0
log10	double log10(double x)	求 log10x	计算结果	x>0
modf	double modf(double val, double *ip)	把双精度 val 分解成整数部分和小数部分，整数部分存放在 ip 所指的变量中	返回小数部分	
pow	double pow(double x, double y)	计算 xy 的值	计算结果	

续表

函数名	函数原型说明	功能	返回值	说明
sin	double sin(double x)	计算 sin(x)的值	计算结果	x 单位为弧度
sinh	double sinh(double x)	计算 x 的双曲正弦函数 sinh(x)的值	计算结果	
sqrt	double sqrt(double x)	计算 x 的开方	计算结果	x≥0
tan	double tan(double x)	计算 tan(x)	计算结果	x 单位为弧度
tanh	double tanh(double x)	计算 x 的双曲正切函数 tanh(x)的值	计算结果	

（2）字符函数

字符处理函数的原型包含在“ctype.h”头文件中。

函数名	函数原型说明	功能	返回值
isalnum	int isalnum(int ch)	检查 ch 是否为字母或数字	是，返回 1；否则返回 0
isalpha	int isalpha(int ch)	检查 ch 是否为字母	是，返回 1；否则返回 0
iscntrl	int iscntrl(int ch)	检查 ch 是否为控制字符	是，返回 1；否则返回 0
isdigit	int isdigit(int ch)	检查 ch 是否为数字	是，返回 1；否则返回 0
isgraph	int isgraph(int ch)	检查 ch 是否为 ASCII 码值在 0x21~0x7e 的可打印字符（即不包含空格字符）	是，返回 1；否则返回 0
islower	int islower(int ch)	检查 ch 是否为小写字母	是，返回 1；否则返回 0
isprint	int isprint(int ch)	检查 ch 是否为包含空格符在内的可打印字符	是，返回 1；否则返回 0
ispunct	int ispunct(int ch)	检查 ch 是否为除了空格、字母、数字之外的可打印字符	是，返回 1；否则返回 0
isspace	int isspace(int ch)	检查 ch 是否为空格、制表或换行符	是，返回 1；否则返回 0
isupper	int isupper(int ch)	检查 ch 是否为大写字母	是，返回 1；否则返回 0
isxdigit	int isxdigit(int ch)	检查 ch 是否为十六进制数	是，返回 1；否则返回 0
tolower	int tolower(int ch)	把 ch 中的字母转换成小写字母	返回对应的小写字母
toupper	int toupper(int ch)	把 ch 中的字母转换成大写字母	返回对应的大写字母

（3）字符串函数

字符串函数的原型在“string.h”头文件中。

函数名	函数原型说明	功能	返回值
strcat	char *strcat(char *s1,char *s2)	把字符串 s2 接到 s1 后面	s1 所指地址
strchr	char *strchr(char *s,int ch)	在 s 所指字符串中，找出第一次出现字符 ch 的位置	返回找到的字符的地址，找不到返回 NULL
strcmp	int strcmp(char *s1,char *s2)	对 s1 和 s2 所指字符串进行比较	s1<s2,返回负数；s1= =s2,返回 0；s1>s2,返回正数
strcpy	char *strcpy(char *s1,char *s2)	把 s2 指向的串复制到 s1 指向的空间	s1 所指地址
strlen	unsigned strlen(char *s)	求字符串 s 的长度	返回串中字符（不计最后的'\0'）个数
strstr	char *strstr(char *s1,char *s2)	在 s1 所指字符串中，找出字符串 s2 第一次出现的位置	返回找到的字符串的地址，找不到返回 NULL

（4）输入输出函数

输入输出函数的原型在“stdio.h”头文件中。

函数名	函数原型说明	功能	返回值
clearer	void clearer(FILE *fp)	清除与文件指针 fp 有关的所有出错信息	无
fclose	int fclose(FILE *fp)	关闭 fp 所指的文件，释放文件缓冲区	出错返回非 0，否则返回 0
feof	int feof (FILE *fp)	检查文件是否结束	遇文件结束返回非 0，否则返回 0
fgetc	int fgetc (FILE *fp)	从 fp 所指的文件中取得下一个字符	出错返回 EOF，否则返回所读字符
fgets	char *fgets (char *buf,int n, FILE *fp)	从 fp 所指的文件中读取一个长度为 n−1 的字符串，将其存入 buf 所指存储区	返回 buf 所指地址，若遇文件结束或出错返回 NULL
fopen	FILE *fopen (char *filename, char *mode)	以 mode 指定的方式打开名为 filename 的文件	成功，返回文件指针（文件信息区的起始地址），否则返回 NULL
fprintf	int fprintf(FILE *fp, char *format, args,⋯)	把 args,⋯的值以 format 指定的格式输出到 fp 指定的文件中	实际输出的字符数
fputc	int fputc(char ch, FILE *fp)	把 ch 中字符输出到 fp 指定的文件中	成功返回该字符，否则返回 EOF
fputs	int fputs(char *str, FILE *fp)	把 str 所指字符串输出到 fp 所指文件	成功返回非负整数，否则返回-1（EOF）
fread	int fread(char *pt,unsigned size, unsigned n, FILE *fp)	从 fp 所指文件中读取长度 size 为 n 个数据项存到 pt 所指文件	读取的数据项个数
fscanf	int fscanf (FILE *fp, char *format, args,⋯)	从 fp 所指的文件中按 format 指定的格式把输入数据存入到 args,⋯所指的内存中	已输入的数据个数，遇文件结束或出错返回 0
fseek	int fseek (FILE *fp,long offer,int base)	移动 fp 所指文件的位置指针	成功返回当前位置，否则返回非 0
ftell	long ftell (FILE *fp)	求出 fp 所指文件当前的读写位置	读写位置，出错返回 -1L
fwrite	int fwrite(char *pt,unsigned size, unsigned n, FILE *fp)	把 pt 所指向的 n*size 个字节输入到 fp 所指文件	输出的数据项个数
getc	int getc (FILE *fp)	从 fp 所指文件中读取一个字符	返回所读字符，若出错或文件结束返回 EOF
getchar	int getchar (void)	从标准输入设备读取下一个字符	返回所读字符，若出错或文件结束返回-1
gets	char *gets (char *s)	从标准设备读取一行字符串放入 s 所指存储区，用'\0'替换读入的换行符	返回 s,出错返回 NULL
printf	int printf (char *format, args,⋯)	把 args,⋯的值以 format 指定的格式输出到标准输出设备	输出字符的个数
putc	int putc (int ch, FILE *fp)	同 fputc	同 fputc
putchar	int putchar (char ch)	把 ch 输出到标准输出设备	返回输出的字符，若出错则返回 EOF
puts	int puts (char *str)	把 str 所指字符串输出到标准设备，将'\0'转成回车换行符	返回换行符，若出错，返回 EOF
rename	int rename (char *oldname,char *newname)	把 oldname 所指文件名改为 newname 所指文件名	成功返回 0，出错返回-1
rewind	void rewind(FILE *fp)	将文件位置指针置于文件开头	无
scanf	int scanf (char *format,args,⋯)	从标准输入设备按 format 指定的格式把输入数据存入到 args,⋯所指的内存中	已输入的数据的个数

（5）动态分配函数和随机函数

动态分配函数和随机函数的原型在“stdlib.h”头文件中。

函数名	函数原型说明	功能	返回值
calloc	void *calloc(unsigned n,unsigned size)	分配n个数据项的内存空间，每个数据项的大小为size个字节	分配内存单元的起始地址；如不成功，返回0
free	void *free(void *p)	释放p所指的内存区	无
malloc	void *malloc(unsigned size)	分配size个字节的存储空间	分配内存空间地址；如不成功，返回0
realloc	void *realloc(void *p,unsigned size)	把p所指内存区的大小改为size个字节	新分配内存空间地址；如不成功，返回0
rand	int rand(void)	产生0～32767的随机整数	返回一个随机整数
random	int random(int num)	产生0～num的随机整数	返回一个随机整数
randomize	void random(void)	初始化随机数发生器	无
exit	void exit(int state)	终止程序，state为0正常终止，非0非正常终止	无

（6）字符屏幕函数

字符屏幕处理函数的原型在“conio.h”头文件中。

函数名	函数原型说明	功能	返回值
clrscr	void clrscr (void)	清除整个当前字符窗口，并且把光标定位于左上角(1,1)处	无
clreol	void clreol (void)	清除从光标位置到行尾的所有字符	无
delline	void delline (void)	删除光标所在行，该行下面所有行上移一行	无
gettext	int gettext (int left, int top, int right, int bottom, void *buffer)	将屏幕上矩形域内的文字拷进内存	成功返回1，否则返回0
gotoxy	void gotoxy (int x,int y)	将屏幕上的光标移到当前窗口指定的位置	无
insline	void insline(void)	插入一空行到当前行，光标以下的所有行都向下移	无
movetext	int movetext (int left, int top, int right, int bottom, int newleft, int newtop)	将屏幕上一个矩形区域的文字移到另一个区域上	无
puttext	int puttext (int left, int top, int right, int bottom, void *buffer)	把先前由gettext()保存到buffer指向的内存中的文字拷出到屏幕上一个矩形区域中	无
textbackground	void textbackground (int bcolor)	设置字符屏幕下文本或字符背景颜色	无
textcolor	void textcolor(int color)	设置字符屏幕文本或字符颜色，也可用于使字符闪烁	无
window	void window(int left,int top,int right,int bottom);	在指定位置建立一个字符窗口	无

（7）图形功能函数

图形系统的有关函数原型在“graphics.h”头文件中。

函数名	函数原型说明	功能	返回值
arc	void arc (int x, int y, int startangle, int endangle, int radius)	画圆弧函数	无
bar	void bar(int left,int top,int right,int bottom)	画指定上左上角与右下角的实心长条形，没有四条边线	无

续表

函数名	函数原型说明	功能	返回值
circle	void circle(int x,int y,int radius)	画圆函数	无
drawpoly	void drawpoly (int pnumber, int *points)	画多边形函数	无
ellipse	void ellipse(int x, int y, int startangle, int endangle, int xradius, int yradius)	画椭圆弧函数	无
floodfill	void floodfill (int x, int y, int bordercolor)	填充闭域函数	无
getbkcolor	int getbackcolor(void)	返回当前绘图背景颜色	返回当前背景色彩值
getcolor	int getcolor(void)	返回当前绘图颜色	返回当前绘图颜色值
line	void line (int startx, int starty, int endx, int endy)	在给定的两点间画一直线	无
lineto	void lineto(int x,int y)	从当前位置画一直线到指定位置	无
rectangle	void rectangle (int left, int top, int right, int bottom)	画一个给定左上角与右下角的矩形	无
setcolor	voids setcolor(int color)	设置当前绘图颜色	无
setfillstyle	void setfillstyle (int pattern, int color)	设置填充图样和颜色函数	无
setlinestyle	void setlinestyle (int stly, unsigned pattern, int width)	为画线函数设置当前线型	无

参考文献

[1] 谭浩强.C 程序设计[M].5 版.北京：清华大学出版社，2017.

[2] 谭浩强.C 程序设计学习辅导[M].5 版.北京：清华大学出版社，2017.

[3] 廖湖生，叶乃文，周珺.C 语言程序设计案例教程[M].北京：人民邮电出版社，2010.

[4] 李向阳，方娇莉.C 语言程序设计（基于 CDIO 思想）[M].北京：清华大学出版社，2011.

[5] 张宁.C 语言其实很简单[M].北京：清华大学出版社，2015.

[6] 郭韶升,张炜.C 语言程序设计实验与实训指导[M].北京：化学工业出版社，2017.

[7] 吴绍根.C 语言程序设计案例教程[M].北京：清华大学出版社，2018.

[8] 高禹.C 语言程序设计[M].4 版.北京：清华大学出版社，2018.